PHYSIQUE

Coulommiers. — Imprimerie PAUL BRODARD.

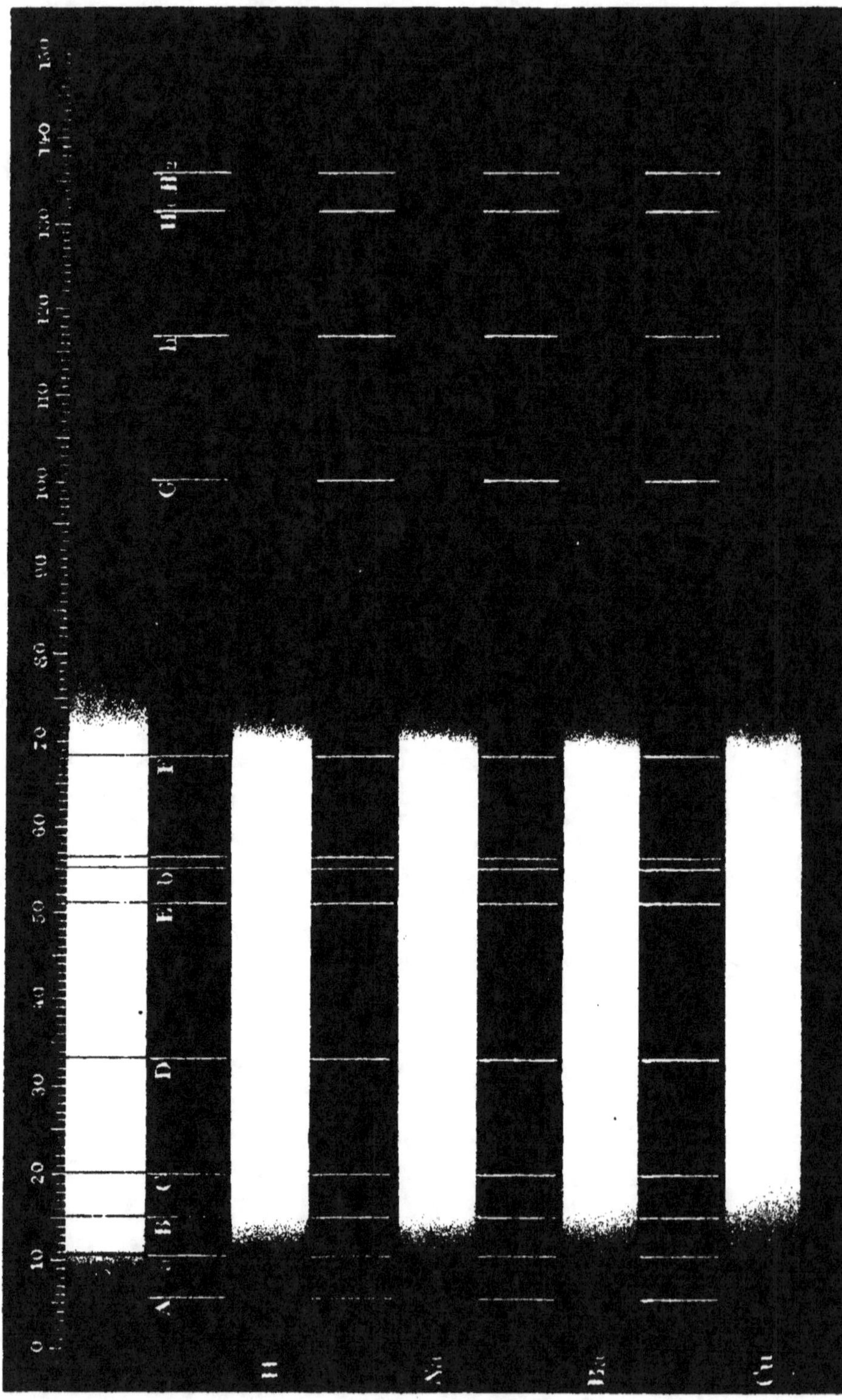

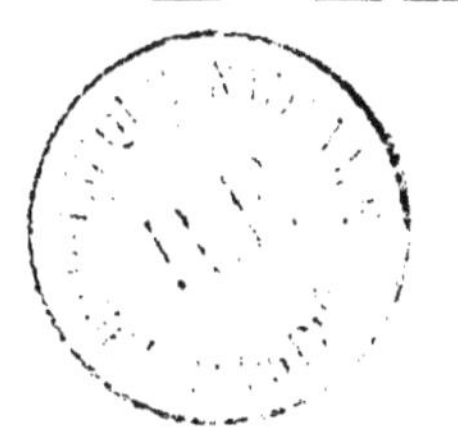

PHYSIQUE

(PREMIÈRE ANNÉE)

PAR

PAUL POIRÉ

Ancien élève de l'École Normale,
Agrégé des sciences physiques et naturelles,
Professeur au lycée Condorcet et à l'École normale supérieure
d'enseignement primaire.

PARIS

LIBRAIRIE CH. DELAGRAVE

15, RUE SOUFFLOT, 15

1894

PHYSIQUE

PREMIÈRE ANNÉE

CHAPITRE PREMIER

Notions préliminaires [1].

1. Quand nous jetons les yeux autour de nous, nous trouvons des corps bien différents les uns des autres par leurs propriétés respectives; mais ce qui doit surtout nous frapper, c'est qu'ils appartiennent à trois classes différentes : les *corps solides*, les *corps liquides* et les *corps gazeux*. L'encrier et le porte-plume, qui sont sur notre table, sont des corps solides; l'encre que renferme l'encrier est un liquide tenant en suspension une poussière noire solide. Si nous soufflons dans un tube de verre ou de caoutchouc dont l'une des extrémités plonge dans l'eau, nous voyons s'échapper du tube et barboter dans l'eau des bulles formées par les gaz qui sortent de notre bouche.

[1]. Nous croyons utile de faire précéder ces leçons de quelques notions préliminaires qui ne sont pas explicitement énoncées dans les programmes, mais qui sont nécessaires pour l'étude de ce qui va suivre.

Nous ferons en outre remarquer qu'un même corps peut affecter successivement les états *solide*, *liquide* et *gazeux*. Quand nous chauffons la glace, qui est un corps solide, nous la voyons se transformer en eau liquide. Si nous continuons à chauffer cette eau, elle finira par bouillir et disparaître dans l'atmosphère sous forme de bulles gazeuses que l'on appelle *vapeurs*.

Ces différents états de la matière, qui forme tous les corps, se distinguent par des propriétés caractéristiques.

2. État solide. — Un corps solide est un corps qui a une forme propre et demeurant invariable si des actions extérieures ne viennent agir sur lui. On peut admettre que les différentes particules, ou *molécules*, d'un corps solide sont maintenues dans une position invariable, les unes par rapport aux autres, grâce à une force attractive qui s'exerce entre elles et qu'on appelle *cohésion*. C'est cette force qui résiste à l'effort que nous sommes obligés de faire pour briser un corps, pour rompre un bâton en deux parties, pour scier un morceau de bois ou de fer.

Dans les solides cette force est en général assez considérable. On peut s'en rendre compte par l'expérience suivante. Suspendons un fil d'acier d'un millimètre carré de section par l'une de ses extrémités serrée dans les mâchoires d'un étau et suspendons des poids à l'autre extrémité; nous constaterons que, pour le rompre, il faut suspendre des poids d'une valeur de 92 kilogrammes, ce qui veut dire que la force attractive qui s'exerçait entre les deux tranches du fil séparées par la rupture est mesurée par 92 kilogrammes.

3. État liquide. — Dans les liquides la cohésion est beaucoup plus faible que dans les solides. Assez forte encore dans les liquides visqueux, comme l'huile, le goudron et l'acide sulfurique, elle devient très faible dans les liquides qui ont plus de fluidité, comme l'eau, l'alcool, l'éther.

Dans ces liquides eux-mêmes, elle n'est pas nulle. Quand on plonge une baguette de verre dans l'eau et qu'on la retire ensuite, on constate qu'une goutte d'eau reste suspendue à l'extrémité de la baguette. L'attraction du verre pour l'eau maintient l'adhérence entre la partie supérieure de la goutte et la baguette, tandis que la cohésion des molécules liquides les maintient unies entre elles.

Il résulte de la faiblesse de la cohésion dans les liquides que leurs molécules sont mobiles les unes par rapport aux autres et qu'on les sépare d'autant plus facilement que le liquide est moins visqueux. Abandonnées à elles-mêmes, les molécules liquides glissent facilement l'une sur l'autre. C'est ce qui fait qu'un corps liquide n'a pas de forme qui lui soit propre et qu'il prend celle du vase qui le contient. Quand on fait passer une même masse liquide dans des vases de formes différentes, elle se moule en quelque sorte sur eux en conservant toujours le même volume.

4. État gazeux. — Les corps gazeux se rapprochent des liquides par la mobilité de leurs molécules les unes par rapport aux autres. Ils s'en distinguent par ce fait que ces molécules n'ont entre elles aucun lien et que de plus les choses se passent comme si ces molécules se repoussaient mutuellement.

Dans les liquides cette répulsion n'existe pas, ce qui fait qu'une masse liquide n'occupe pas nécessairement toute la capacité du vase dans lequel on la met. Si l'on verse un demi-litre d'eau dans un vase dont la capacité est un litre, ce vase ne sera rempli qu'à moitié, tandis que si l'on fait passer un demi-litre d'air dans un vase vide de la capacité d'un litre, ce gaz le remplira tout entier. Un gaz tend toujours à augmenter de volume et cette tendance se traduit par un effort qu'il exerce sur les parois du vase qui le renferme, effort qui sera étudié plus tard sous le nom de *pression* ou de force élastique des gaz.

Les liquides et les gaz sont souvent désignés sous le nom générique de *fluides*.

5. Phénomènes physiques et chimiques. — Les corps peuvent éprouver des changements, des modifications de propriétés : ces changements s'appellent *phénomènes*. Quand ils ne modifient pas la nature même du corps, le phénomène est dit *physique*. Un morceau de fer s'allonge quand on le chauffe : c'est une modification d'une propriété extérieure et la dilatation de ce morceau de fer est un phénomène *physique*, qui ne change pas la nature du fer. Mais si l'on abandonne un morceau de fer à l'air humide, il ne tarde pas à s'altérer ; il se recouvre d'une couche jaunâtre, qu'on appelle *rouille* ou *oxyde de fer*, et qui provient de l'union intime du fer avec un corps qui se trouve dans l'air et qu'on nomme *oxygène*. La nature intime des parties, qui constituaient le morceau de fer, a été changée ; elles ont subi un phénomène qu'on appelle *phénomène chimique*.

Les sciences physiques, qui comprennent la physique et la chimie, ont pour objet l'étude des phénomènes dont nous venons de définir la nature : la première s'occupe des phénomènes physiques, la seconde étudie les phénomènes chimiques. Ces sciences ne comportent pas seulement l'observation des faits qui se passent sous nos yeux, mais aussi l'étude des circonstances variées dans lesquelles ils se produisent, des causes qui leur donnent lieu, des règles ou *lois* auxquelles ils sont assujettis.

CHALEUR

CHAPITRE II

**Dilatabilité des corps sous l'influence de la chaleur.
Températures. — Thermomètres.**

6. Les sensations, que nous éprouvons en présence des différents corps, nous font dire que ces corps sont chauds ou froids selon les cas. C'est ainsi que nous éprouvons une sensation de chaleur en entrant, pendant l'hiver, dans un appartement chauffé, une sensation de froid en sortant de cet appartement au milieu de l'air extérieur. La cause de ces sensations est désignée sous le nom de *chaleur* ou *calorique*.

7. **Dilatabilité des corps par la chaleur.** — Lorsqu'un corps s'échauffe, il se dilate en général ; lorsqu'il se refroidit, il se contracte. Ce principe peut s'établir par un grand nombre d'expériences.

8. **Dilatabilité des corps solides.** — Pour mettre en évidence la dilatation d'un corps solide suivant sa longueur, on se sert ordinairement du *pyromètre à cadran*.

Une tige métallique AB (fig. 1) en fer, par exemple, est portée par deux petites colonnes dont elle traverse la partie supérieure. Une lampe à alcool ou à gaz DE est placée au-dessous d'elle sur la tablette en bois qui soutient l'appareil. L'extrémité B de la tige est fixée en C par une vis de pression ; l'extrémité A vient s'appuyer en *f* contre la courte branche d'un levier coudé, dont la grande branche est formée par une aiguille capable de se mouvoir sur un cadran divisé F, au centre duquel est l'axe de rotation du levier. On dispose la tige de manière que, lorsqu'elle est à la température ordinaire, son extrémité vienne toucher le levier et que l'aiguille se trouve au zéro de la graduation. On

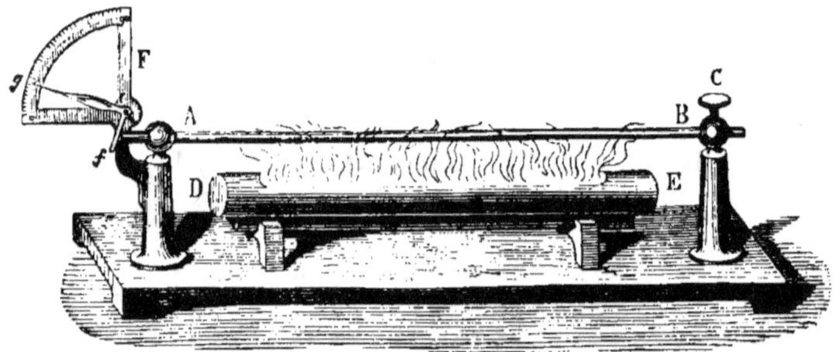

Fig. 1. — Pyromètre à cadran.

allume la lampe, la tige AB s'échauffe, s'allonge, et, comme elle est fixée en C, tout l'effet de la dilatation se porte sur l'extrémité A qui pousse la branche *f* et fait monter l'aiguille sur le cadran. Lorsqu'on éteint la lampe, la tige se refroidit, se contracte et revient à ses dimensions primitives, ce qui est mis en évidence par le retour de l'aiguille au zéro de la graduation.

Le même appareil peut aussi servir à montrer que les corps ne se dilatent pas tous également : car si l'on recommence l'expérience en se servant d'une tige de cuivre, on constate que l'aiguille dans sa déviation maximum s'arrête en un autre point du cadran que lorsqu'elle était poussée par la dilatation de la tige de fer.

9. Anneau de S'Gravesande[1]. — L'anneau de

---

1. S'Gravesande, savant hollandais, né à Bois-le-Duc en 1688, mort en 1742.

S'Gravesande permet de démontrer l'augmentation de volume des corps, qui est désignée sous le nom de dilatation *cubique*, l'allongement suivant une dimension étant désigné par le mot de dilatation *linéaire*. Un anneau métallique A (fig. 2) est fixé par une vis de pression sur une tige recourbée. A l'extrémité C de cette tige se trouve suspendue, à

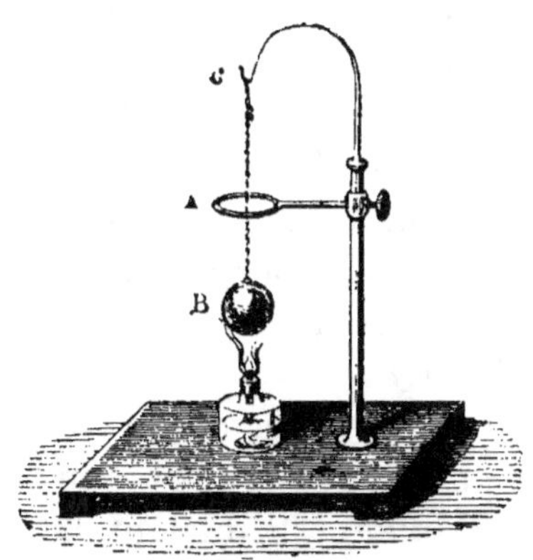

Fig. 2. — Anneau de S'Gravesande.

Fig. 3. — Dilatation des liquides.

l'aide d'une chaîne, une boule métallique B. Le diamètre de la sphère est tel qu'à froid elle passe exactement à travers l'anneau. Dès qu'on la chauffe, elle se dilate, et il n'est plus possible de la faire passer à travers l'anneau. Si on la laisse refroidir, elle se contracte et peut de nouveau passer à travers l'anneau.

10. Dilatabilité des liquides. — La dilatabilité des liquides peut facilement se prouver à l'aide d'un ballon en verre A (fig. 3) muni d'un col étroit et long BDC ; ce ballon contient un liquide, de l'alcool coloré, par exemple, qui s'élève jusqu'au point D. On plonge le ballon dans l'eau chaude, et on observe les faits suivants. Aussitôt après l'immersion, le niveau du liquide coloré descend au-dessous du point D, ce qui semblerait annoncer une contraction. Il n'en est rien cependant; l'abaissement du niveau provient de ce que la chaleur de l'eau agit d'abord sur le ballon et le dilate avant de produire le même effet sur le liquide qui, se trouvant alors dans un espace plus grand, doit baisser de niveau. Mais, bientôt après, la chaleur, arrivant jusqu'à l'alcool, le dilate, et il s'élève dans le tube bien au delà de son niveau primitif. Si, retirant le ballon de l'eau chaude, on le laisse refroidir et reprendre la température du commencement de l'expérience, le liquide retombe au niveau D. Nous ferons remarquer que la quantité dont l'alcool s'est élevé ne représente que sa dilatation *apparente*, puisque le vase s'est dilaté en même temps que lui; pour avoir sa dilatation *réelle*, il faudrait augmenter la dilatation apparente de la dilatation de l'enveloppe.

L'expérience précédente nous prouve, par l'élévation de l'alcool dans le tube, que l'alcool se dilate plus que le verre. En général, les liquides se dilatent beaucoup plus que les solides dans les mêmes circonstances. Un vase rempli d'eau et bien bouché, fût-il de bronze, crèverait infailliblement par la dilatation de l'eau, si on l'exposait à une forte chaleur.

11. Dilatabilité des gaz. — On peut aussi mettre en évidence les effets de la dilatation et de la contraction des corps gazeux. Ces corps se dilatent beaucoup plus encore que les liquides sous l'influence de la même élévation de température. Prenons (fig. 4) un ballon A, auquel on a soudé un tube deux fois recourbé BCDE et terminé en E par un entonnoir. Versons en E un peu de liquide coloré; il tombe dans le tube jusqu'à ce que l'air qui se trouve au-dessous de lui ait acquis un certain volume, moment où sa force élastique aura une valeur suffisante pour le tenir en équilibre.

Supposons qu'il s'arrête en D : dès qu'on approchera
le ballon A du feu, ou qu'on lui communiquera la chaleur de la main en le touchant, la dilatation de l'air
qu'il renferme sera telle qu'on verra le
petit index monter dans le tube : dès
qu'on laissera refroidir l'appareil, l'index redescendra. Cette expérience nous
prouve que l'air se dilate sous l'action
de la chaleur et se contracte par le refroidissement.

On peut encore faire l'expérience suivante : prenons un tube de verre fermé
par un bout et plongeons l'autre extrémité dans un liquide coloré, du vin par
exemple. A l'aide d'une lampe à alcool,
chauffons l'extrémité fermée du tube.
L'air qu'il contient va se dilater et nous
le verrons s'échapper en barbotant dans
le vin. Laissons refroidir le tube, l'air
restant va se contracter et le vin montera
dans le tube au-dessus de son niveau
dans le verre.

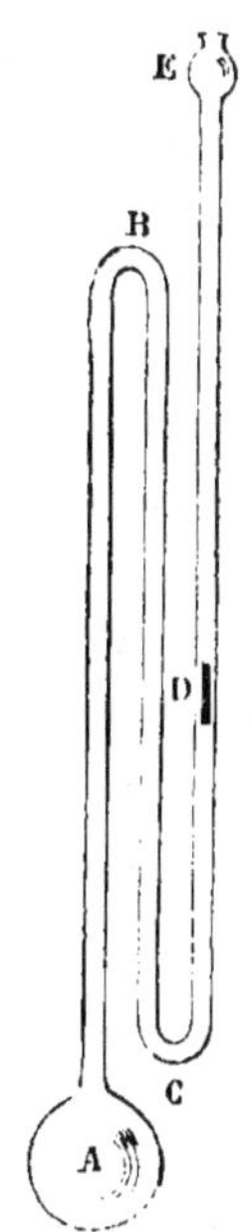

Fig. 4. — Dilatation des gaz.

12. **Thermomètre**. — Les sensations
du toucher nous permettent dans certains
cas de déterminer si un corps est plus ou moins chaud
qu'un autre, ou si un corps donné est plus chaud à un
moment qu'à un autre. Mais ces sensations nous induiraient souvent en erreur. Par exemple une cave, dont
l'état calorifique ne varie guère d'une saison à l'autre,
nous paraît chaude en hiver et froide en été.

L'expérience suivante, facile à faire par tous, peut
aussi montrer les erreurs que nos sens peuvent commettre relativement à l'état calorifique des corps. Laissons pendant quelque temps la main gauche dans l'eau
froide et la main droite dans l'eau très chaude. Puis plon-

geons les deux mains dans l'eau tiède. La main gauche, qui sort de l'eau froide, éprouvera une sensation de chaleur, et la main droite, qui sort de l'eau chaude, une sensation de froid. Cependant les deux mains sont l'une et l'autre dans la même eau tiède.

Pour éviter ces erreurs, on a l'habitude de se servir d'instruments appelés *thermomètres*; ce sont des appareils destinés à évaluer ce que l'on a appelé la *température* et dont le fonctionnement repose sur leur dilatabilité.

13. Définition et mesure des températures. — Lorsque deux corps, que nous désignerons par A et B, sont mis en présence l'un de l'autre, le plus chaud A fonctionne relativement à l'autre comme une source de chaleur : B s'échauffe et se dilate; A se refroidit et se contracte. Au bout d'un certain temps l'équilibre s'établit entre les deux : on dit alors que les deux corps sont *à la même température* ou que *leurs températures sont égales*. Le corps A, qui a cédé de la chaleur au corps B et l'a fait dilater, était avant cette cession de chaleur à une *température plus élevée* que le corps B.

Supposons maintenant que le corps B soit un appareil semblable à celui de la figure 3 et que le corps A soit une masse de liquide dont nous voulions évaluer la température. Si A est plus chaud que B, B s'échauffera aux dépens de A; si A est plus froid que B, ce sera le contraire; mais, dans les deux cas, lorsque l'équilibre sera établi, nous pourrons représenter la température du liquide A par le volume que l'alcool a pris à son contact.

Si nous voulons d'ailleurs comparer la température d'un corps A avec celle d'un autre corps C, il suffira de mettre B successivement en contact avec A et C, et les volumes, que prendra le liquide de B en présence de A et de C, représenteront les températures de A et de C.

L'appareil, dont nous venons de nous servir, a fonctionné comme *thermomètre*. Avant d'aller plus loin dans l'étude de cette question, avant de définir exactement ce que l'on appelle *degré de température*, nous décrirons le thermomètre généralement employé et les procédés suivis pour le construire.

14. Choix de la substance thermométrique. — Tous les corps peuvent à la rigueur être employés pour la construction des thermomètres, puisque, à peu d'exceptions près, tous se dilatent par la chaleur et se contractent par le refroidissement. Mais, pour rendre l'instrument exact et commode, il est bon de faire un choix parmi eux.

Les corps solides ne sont pas en général adoptés pour cet usage, parce que, lorsqu'ils sont soumis à de fréquentes alternatives de dilatation et de contraction, leur structure se modifie peu à peu, leur dilatabilité varie, et l'instrument qu'on construirait avec eux ne resterait pas comparable à lui-même à des époques différentes. De plus, deux échantillons d'un même corps solide ont rarement la même structure et, par conséquent, les thermomètres faits avec les solides ne seraient pas comparables entre eux. Enfin les solides ne sont pas assez dilatables pour qu'un thermomètre fait avec un corps solide puisse être un appareil sensible.

Les liquides présentent sur les solides l'avantage d'être plus dilatables, de pouvoir être obtenus dans des conditions de pureté et de structure qui rendent deux échantillons d'un même liquide comparables entre eux, enfin de ne pas subir, par les alternatives de chaud et de froid, les variations de structure que subissent les solides. Mais, comme ils doivent être enfermés dans des vases solides, leur dilatation apparente dépend de celle des vases solides qui les renferment. Un thermomètre fait avec un liquide présentera donc, *à un faible degré,* les inconvénients qu'offrent les thermomètres faits avec des solides.

Les gaz, au contraire, ne présentent pas ces inconvénients et constituent la substance thermométrique par excellence ; ils sont très dilatables, leur structure ne se modifie point par les variations de température, et la grande dilatabilité qu'ils possèdent par rapport au verre, dans lequel on les enferme, permet le plus souvent de ne pas tenir compte des variations de volume de ce verre et par conséquent de les regarder comme comparables entre eux, quelle que soit la nature du verre employé. Aussi est-ce toujours du thermomètre à gaz que se servent les physiciens pour la mesure précise des températures.

Mais nous verrons plus tard que le volume d'un gaz ne dépend pas seulement de sa température, mais aussi de ce que l'on appelle la pression extérieure à laquelle il est soumis, pression que l'on mesure à l'aide d'un instrument nommé *baromètre*. Il faudra donc consulter le baromètre chaque fois que l'on fera une observation thermométrique. C'est là dans la pratique un inconvénient sérieux. Aussi se sert-on habituellement de thermomètres à liquides pour la mesure des températures. Les liquides étant plus dilatables que les solides, leurs volumes ne dépendant pas sensiblement des pressions extérieures, ces corps nous offrent un moyen terme exempt des inconvénients que nous avons signalés. C'est donc parmi eux que nous devons rechercher la substance avec laquelle nous construirons les thermomètres. Le mercure est adopté pour les hautes températures, parce qu'il ne bout qu'à une température élevée, l'alcool pour les basses températures, parce qu'il a pu supporter les froids les plus intenses sans se congeler.

15. **Thermomètre à mercure. Sa construction**. — Le thermomètre à mercure se compose d'un tube de verre capillaire à l'extrémité duquel a été

soudé un réservoir cylindrique ou sphérique (fig. 5).
Ce réservoir et une portion du tube contiennent du
mercure. Une graduation placée sur le tube lui-même,
ou sur une planchette
contre laquelle il est fixé,
sert à apprécier les dilatations du mercure.

Pour construire un ther-
momètre, une difficulté se
présente qui provient de
la petitesse du diamètre
intérieur du tube. Si l'on
prend, par exemple, un
tube thermométrique tel
que celui que représente
la figure 6 et qui est muni
d'un entonnoir A, le mer-
cure que l'on versera dans
l'entonnoir n'ira pas très
loin dans la tige, parce que
l'air ne pourra s'échapper
à travers le tube très fin
et par sa force élastique sou-
tiendra le mercure dans le

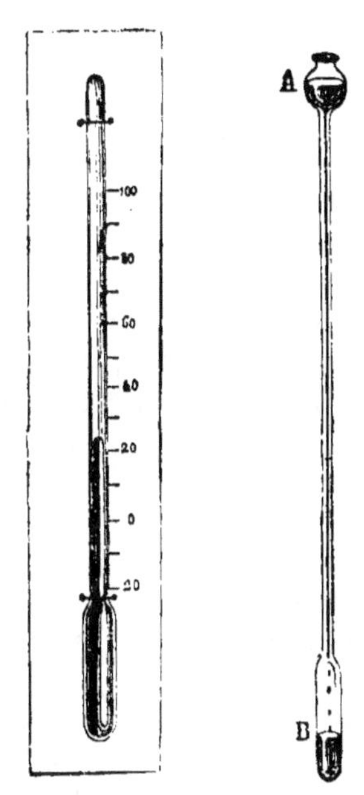

Fig. 5. — Ther-
momètre à mer-
cure.

Fig. 6. — Cons-
truction du ther-
momètre.

tube. Pour éviter cette difficulté, on chauffe le réservoir
du thermomètre avec une lampe à alcool, l'air se dilate
et s'échappe : lorsqu'on laisse refroidir le tube, le mercure y entre, remplace l'air, et pénètre dans le réservoir.
On achèvera le remplissage en faisant bouillir le mercure
dont les vapeurs chassent l'air qui restait encore.

Lorsqu'on a introduit dans le thermomètre la quantité
de mercure qu'il doit contenir, on le ferme en fondant
son extrémité dans la flamme d'une lampe.

16. Définition du degré centigrade. — Nous
avons dit (13) que l'on représentait la température d'un

corps A par le volume que prenait le thermomètre mis en contact avec lui. Il faut maintenant préciser cette définition par des conventions, qui nous permettront de déterminer la valeur numérique des températures.

On comprend en effet que dire que la température d'un corps sera représentée par le volume que le thermomètre prendra au contact de ce corps, c'est supposer que tous les thermomètres, pour être comparables, devront avoir le même volume à la même température. C'est ce que l'on supposait à l'époque où Galilée[1] inventa le thermomètre. Mais il y avait là un inconvénient grave, car il était difficile de donner exactement le même volume à tous les thermomètres. De plus, les dimensions d'un pareil instrument doivent varier avec les usages auxquels on le destine. Pour éviter ces inconvénients, on a recours à une convention qui repose sur les deux observations suivantes :

1° Un même corps, plongé dans la glace en fusion sous la pression atmosphérique, acquiert toujours le même volume ;

2° Un même corps, plongé dans la vapeur d'eau bouillant sous la pression que nous appellerons plus tard la *pression normale*, acquiert toujours le même volume.

On est convenu de prendre : 1° pour point de départ de l'échelle thermométrique, pour premier point fixe, la température de la glace fondante ; 2° pour second point fixe la température de la vapeur d'eau bouillant sous la pression normale.

Quand on a déterminé ces deux points sur un thermomètre à mercure, l'intervalle qu'ils comprennent représente évidemment la dilatation du liquide thermométrique, quand il passe de la température de la glace fondante à celle de la vapeur d'eau bouillante. On *con-*

----

1. Galilée, savant célèbre, né à Pise en 1564, mort en 1642.

vient alors de prendre pour température *zéro* la température de la glace fondante et pour température *cent* degrés celle de la vapeur d'eau bouillant sous la pression normale, et on divise l'intervalle compris entre les deux points en cent parties égales; chacune de ces parties correspondra à un degré.

Cela revient à dire que le degré centigrade est défini de la manière suivante :

Le degré centigrade est la variation de température nécessaire pour accroître le volume du corps thermométrique de la centième partie de la quantité dont il s'accroît, quand, de la glace fondante, il passe dans la vapeur d'eau bouillant sous la pression normale.

Nous ferons remarquer que cette définition du degré est indépendante du volume de la masse thermométrique : car si un thermomètre A a un volume double de celui d'un thermomètre B, la dilatation correspondant à un degré sera deux fois plus grande dans le premier que dans le second; mais elle sera, dans les deux, la centième partie de la dilatation comprise entre les deux points fixes. Aussi le mercure des deux thermomètres, plongés dans un bain, dont la température sera 15 degrés, s'arrêtera-t-il au même point 15°.

17. Graduation du thermomètre. — Il nous reste maintenant à dire comment on construit l'échelle placée le long du thermomètre et qui indique de combien de degrés le corps est au-dessus ou au-dessous de zéro.

Il faut avant tout déterminer les points fixes, c'est-à-dire le niveau auquel s'arrêtera le mercure à la température zéro et à la température 100°.

Pour la détermination du zéro, on se procure de la glace pilée : lorsqu'elle a commencé à fondre, on la met dans un vase percé de trous (fig. 7) et on enfonce au milieu le thermomètre à graduer, de manière que tout le mercure soit couvert par la glace. On soulève de temps en

temps l'instrument pour observer le niveau du mercure ;
quand ce niveau est devenu stationnaire, on marque sa
position sur la tige, soit avec un pinceau, soit en faisant
un trait au diamant. Ce sera le *zéro* de notre échelle.

Pour déterminer le second point fixe, on emploie une
étuve à vapeur que représente la figure 8 et qui consiste
essentiellement en une marmite A contenant de l'eau

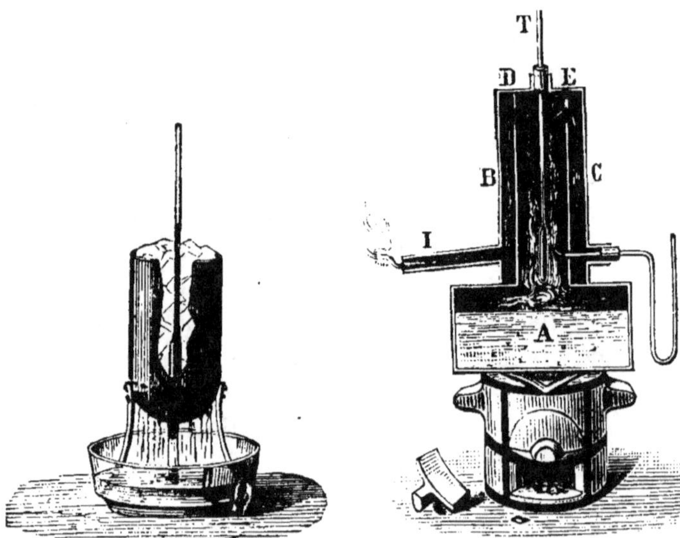

Fig. 7. — Détermination du zéro
du thermomètre.

Fig. 8. — Détermination du zéro au
degré du thermomètre.

que l'on fait bouillir. Le thermomètre T est suspendu
au-dessus de l'eau dont les vapeurs viennent, avant de
s'échapper en I, lécher le thermomètre. Le mercure se
dilate et finit par s'arrêter à un niveau fixe que l'on
marque par un nouveau trait, vis-à-vis duquel on ins-
crit 100. L'intervalle entre les points 0 et 100 est divisé en cent parties égales, et chaque division correspond à un degré. La division est prolongée au-dessus
du point 100 et au-dessous du point 0.

18. Diverses échelles thermométriques. —

L'échelle, connue sous le nom d'échelle *Réaumur* [1], diffère de l'échelle centigrade en ce que l'on marque 80 au point de l'ébullition de l'eau.

Il est facile de trouver la règle à appliquer pour transformer les indications Réaumur en indications centigrades et réciproquement.

En effet, puisque 100 degrés centigrades valent 80 degrés Réaumur, un seul degré centigrade vaudra les $\frac{80}{100}$ d'un degré Réaumur, ou les $\frac{4}{5}$, et réciproquement un degré Réaumur vaudra les $\frac{5}{4}$ d'un degré centigrade. Par suite, si l'on veut savoir à combien de degrés Réaumur correspondent, par exemple, 25 centigrades, on prendra les $\frac{4}{5}$ de 25, ce qui donne 20. De même, si l'on veut savoir à combien de degrés centigrades correspondent 20 Réaumur, on prendra les $\frac{5}{4}$ de 20, ce qui donne 25.

En Angleterre on se sert ordinairement de l'échelle de Fahrenheit [2]. Le point de l'ébullition correspond à 212 degrés centigrades, et celui de la glace fondante à 32 degrés ; il y a donc entre ces deux points 212 moins 32 degrés ou 180.

Donc 180 degrés Fahrenheit valant 100 degrés centigrades, un seul vaudra $\frac{100}{180}$ ou $\frac{5}{9}$ de degré centigrade, et inversement un degré centigrade vaudra $\frac{9}{5}$ d'un degré Fahrenheit.

Donc, quand on voudra transformer des degrés centigrades en degrés Fahrenheit, il faudra prendre les $\frac{9}{5}$ de la température indiquée, ce qui donne le nombre des divisions à partir du 0 de l'échelle centigrade ; mais comme le 0 de Fahrenheit est à 32° au-dessous, il faudra ajouter 32°.

1. Réaumur, physicien et naturaliste, né à la Rochelle en 1683, mort en 1757.
2. Fahrenheit, physicien, né à Dantzik en 1685, mort à Leyde en 1740.

Ainsi, soit à transformer 45 degrés centigrades en degrés Fahrenheit : il faut prendre les $\frac{9}{5}$ de 45, ce qui donne 81, et ajouter 32, ce qui donne 113.

Inversement, pour transformer des degrés Fahrenheit en degrés centigrades, il faudra retrancher 32 et prendre les $\frac{5}{9}$.

Ainsi, soit à transformer 68 degrés Fahrenheit en degrés centigrades : 68 moins 32 donne 36, et, en prenant les $\frac{5}{9}$ de 36, on a 20°.

19. Thermomètre à alcool. — Lorsqu'on veut apprécier de très basses températures, comme le mercure se congèle à 40° au-dessous de zéro, on est obligé de renoncer à l'emploi du thermomètre à mercure. On se sert alors du thermomètre à alcool coloré, l'alcool n'ayant pu être congelé aux températures les plus basses que l'on ait produites, et on le gradue en le mettant successivement dans la glace et dans un bain dont la température est donnée par un thermomètre à mercure, 45 degrés par exemple. On met 0 et 45 aux points où s'arrête l'alcool et on divise l'intervalle en 45 parties égales. On prolonge la division au-dessus et au-dessous des deux points trouvés.

20. Thermomètres à maxima et à minima. — Il est important d'avoir un thermomètre qui puisse indiquer le minimum et le maximum de la température en un lieu donné et dans un intervalle de temps connu, sans que l'observateur soit obligé de rester auprès de l'instrument et de suivre ses indications pendant tout ce temps.

On a construit différents appareils de ce genre. Nous décrirons d'abord le thermométrographe de Six et Bellani, qui est très employé et donne à la fois le maximum et le minimum.

Il se compose d'un réservoir C (fig. 9) plein d'alcool, auquel est soudé un tube recourbé terminé par une boule

A. Ce tube contient de l'alcool et au-dessous du mercure, qui est lui-même surmonté, dans la branche de droite, d'une couche d'alcool. En A se trouve de l'air. Dans chacune des branches et au-dessus du mercure sont des index en émail renfermant un petit cylindre de fer doux.

Avant la mise en expérience, les index sont amenés par un aimant au contact avec le mercure. Lorsque la température baisse, l'alcool du réservoir se contracte, le mercure le suit et pousse l'index de gauche vers le réservoir C; lorsqu'elle s'élève, l'alcool se dilate, et tandis que l'index de gauche reste où il a été amené, celui de droite est poussé par la branche BA, de telle sorte que la graduation faite par comparaison avec un thermomètre à mercure indique le maximum sur la branche de droite et le minimum sur la branche de gauche.

On emploie aussi les thermomètres inventés par Ruterford.

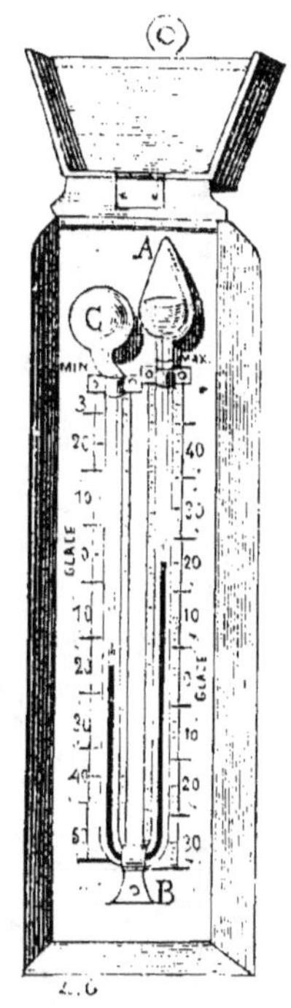

Fig. 9. — Thermométrographe de Six et Bellani.

Le thermomètre à maxima est un thermomètre à mercure ordinaire AB (fig. 10), gradué comme les autres, mais horizontal et contenant dans sa tige, en C, un index formé par un petit cylindre de fer. Quand la température s'élève, le petit index est poussé par le mercure. Quand elle s'abaisse, le mercure se contracte, et, comme il ne mouille pas le fer, il se retire sans entraîner le petit index qu'il abandonne à l'endroit où cet index a été poussé au moment du maximum.

Le thermomètre à minima est un thermomètre à alcool

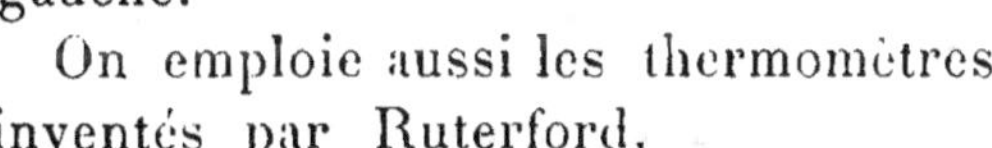

AB (fig. 11) contenant un petit index en émail C. Si la
température croît, l'alcool glisse autour de l'index sans
le déplacer ; si elle s'abaisse, l'alcool se contracte, et,
dès que le sommet de la colonne atteint l'index, il l'entraîne avec lui pour le mener au point où correspond la

Fig. 10. — Thermomètre à maxima de Ruterford.

température la plus basse et l'y laisser lorsque le liquide
se dilatera sous l'influence d'une nouvelle élévation de
température.

Quand on met ces instruments en observation, on doit
amener les index en contact avec l'extrémité de la colonne

Fig. 11. — Thermomètre à minima de Ruterford.

thermométrique. À cet effet, on incline le thermomètre
et, en lui imprimant de petits chocs, on fait glisser l'index
jusqu'à la position qu'il doit avoir.

Dans les stations météorologiques, on se sert aussi du
thermomètre à maxima de Negretti. C'est un thermomètre à mercure disposé horizontalement. L'extrémité
effilée et rétrécie de sa tige plonge dans le mercure du
réservoir. Quand la température monte, le mercure
s'avance dans la tige : mais quand elle baisse, le mercure

de la tige ne rentre pas dans le réservoir et indique le maximum. Pour mettre l'instrument en observation, il suffit de le secouer pour forcer le mercure à rentrer dans le réservoir.

Les thermomètres médicaux, à l'aide desquels on prend la température des malades, sont fondés sur le même principe.

Quand le thermomètre est employé à mesurer la température de l'air, il doit être exposé dans des conditions particulières, si l'on veut qu'il fournisse des indications exactes. Il ne doit pas recevoir l'action des rayons solaires ni directs, ni renvoyés par les corps environnants. Aussi doit-on l'exposer au Nord et à l'ombre et dispose-t-on souvent à une certaine hauteur au-dessus de lui des abris inclinés vers le Sud.

Il doit être mis à l'abri des courants d'air ou des coups de vent accidentels; aussi dans certains observatoires l'enveloppe-t-on d'une espèce de cage à claire-voie, ouverte par le bas.

Enfin on doit mettre le thermomètre à distance des corps qui, recevant les rayons du soleil, pourraient rayonner de la chaleur vers lui (voir CHALEUR RAYON-

21. Pyromètres industriels. — Dans l'industrie, NANTE, chapitre V).

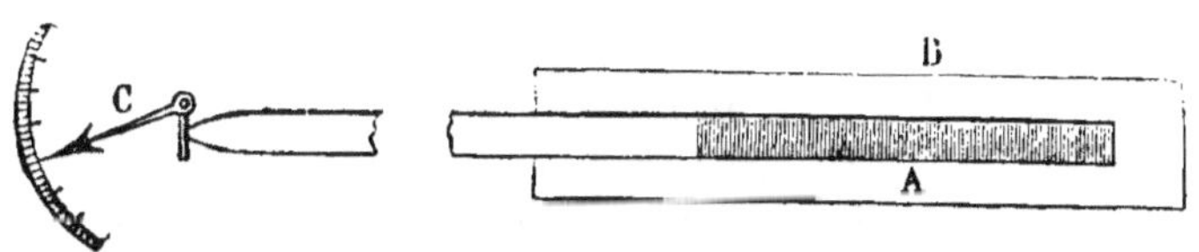

Fig. 12. — Pyromètre de Brongniart.

quand on veut apprécier des températures élevées, celle des fours à porcelaine par exemple, il n'est pas possible d'employer les thermomètres à mercure et à alcool : à ces températures, le verre fondrait et les liquides se transformeraient en vapeur. On se sert alors d'instruments spéciaux, qu'on appelle des *pyromètres*. Nous citerons ceux de Brongniart et de Wedgwood et le pyromètre calorimétrique.

22. Pyromètre de Brongniart. — Le pyromètre de Brongniart ressemble beaucoup au pyromètre à cadran. Son usage repose sur la dilatation d'une barre d'argent A (fig. 12), enfermée dans le four B, dont on

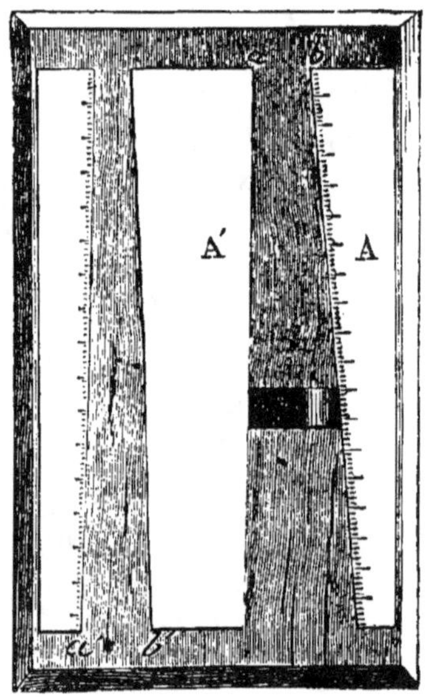

Fig. 13. — Pyromètre de Wedgwood.

veut apprécier la température, un four à porcelaine par exemple. L'une de ses extrémités sort du four et vient s'appuyer contre un levier coudé, dont l'une des branches est une aiguille C, capable de se déplacer le long d'un cadran divisé.

23. Pyromètre de Wedgwood. — L'usage du pyromètre de Wedgwood repose sur la *contraction* qu'éprouve et conserve l'argile, quand on la porte à une température élevée.

Deux règles métalliques AΛ′ (fig. 13), faisant entre elles un petit angle, sont disposées sur une tablette métallique. Ces règles peuvent recevoir de petits cylindres d'argile, qui pénétreront d'autant plus dans l'angle des deux règles qu'ils se seront contractés davantage. Les petits cylindres d'argile sont placés dans le four, et lorsqu'ils en ont pris la température, on les laisse se refroidir et on les fait glisser dans la coulisse qui existe entre les règles A,A′. La quantité dont ils s'enfoncent permet d'apprécier la température. Pour éviter de donner à l'appareil de trop grandes dimensions, au lieu d'une seule coulisse, on en dispose quelquefois deux sur la même tablette; mais la seconde n'est que la continuation de la première.

24. Pyromètre calorimétrique. — Le pyromètre calorimétrique se compose d'un vase ou calorimètre dans lequel se trouve un liquide, où plonge un thermomètre. On suspend une masse de platine dans l'enceinte dont on veut apprécier la température, un four par exemple. Le platine s'y échauffe et au bout d'un certain temps peut être considéré comme ayant la température de ce four. On le transporte dans le calorimètre; le liquide s'échauffe d'autant plus que la température du platine était plus élevée. Le thermomètre monte et finit par s'arrêter. On note sa température stationnaire et on détermine celle du platine au moment de son immersion, et par suite celle du four, à l'aide d'une table à deux colonnes qui a été faite une fois pour toutes. On cherche dans la première colonne la température indiquée par le thermomètre et on trouve en regard dans la seconde colonne la température correspondante du four.

CHAPITRE III

**Applications de la dilatation des corps par la chaleur.
Maximum de densité de l'eau. — Calorie.
Chaleur spécifique.**

25. Dilatation des solides. — Lorsqu'on chauffe des barres faites avec des substances différentes, des barres de zinc, de fer et d'argent, par exemple, on observe que, pour une élévation de température d'un même nombre de degrés, l'allongement n'est pas le même pour toutes. Il était important pour la science et pour l'industrie de pouvoir apprécier la dilatabilité des différents corps. Aussi les physiciens, par une série d'observations, dans l'étude desquelles nous n'entrerons pas, ont-ils déterminé des nombres qui permettent d'apprécier la dilatabilité respective des corps. Ces nombres sont appelés *coefficients de dilatation*.

26. On appelle *coefficient de dilatation linéaire* d'un corps le nombre qui exprime l'allongement de l'unité de longueur de ce corps pour une élévation de température d'un degré.

Ainsi, par exemple, le coefficient de dilatation linéaire du fer est de 0,000012350 : cela veut dire qu'une barre de fer de 1 mètre se dilaterait, pour une élévation de température de 1°, de $0^m,000012350$. On admet que pour 10° elle se dilaterait dix fois plus, c'est-à-dire de $0^m,00012350$; pour 15°, de quinze fois plus, c'est-à-dire $0^m,000012350$ multiplié par 15, ou $0^m,000185250$.

On appelle *coefficient de dilatation superficielle* le

nombre qui exprime l'augmentation de l'unité de surface pour une élévation de température d'un degré. Il est *double* du coefficient de dilatation linéaire.

Enfin on appelle *coefficient de dilatation cubique* le nombre qui exprime l'augmentation de l'unité de volume pour une élévation de température d'un degré. Il est *triple* du coefficient de dilatation linéaire.

Nous ferons remarquer qu'une barre de fer de 2^m, par exemple, se dilaterait, pour une élévation de température de 15°, de 2 fois sa dilatation pour 1^m, c'est-à-dire de $2 \times 0^m,000012350 \times 15 = 0,0003705$.

27. Les tuyaux de poêle éprouvent des variations de longueur par les changements de température. Si les tuyaux étaient fixés à leurs extrémités, la force avec laquelle ils se dilatent ou se contractent amènerait infailliblement des ruptures ou des déformations. Pour éviter cet inconvénient, on les emboîte les uns dans les autres, en laissant le jeu nécessaire pour permettre les dilatations.

28. Pour garnir les roues des voitures des cercles en fer qui maintiennent unies entre elles toutes les pièces, on fait un cercle d'un diamètre un peu plus petit que celui de la roue en bois, on le chauffe, et lorsque la chaleur l'a suffisamment dilaté, on en entoure la roue de bois. Le cercle de fer, en se refroidissant, se contracte et serre la roue avec une grande force.

Il arrive souvent qu'un bouchon tienne trop fortement dans le goulot d'un flacon pour qu'on puisse déboucher celui-ci. On chauffe alors le goulot en le tournant dans la flamme d'une lampe à alcool : il se dilate avant le bouchon, devient plus large que lui, et le flacon peut alors être facilement débouché.

29. M. Molard, ancien directeur du Conservatoire des arts et métiers, a fait, de la force avec laquelle s'effectue la dilatation des corps, une heureuse application.

Deux murs d'une galerie s'étaient déviés de leur

aplomb et se renversaient en dehors. M. Molard les fit
relier par des barres de fer qu'il porta à la température
rouge; pendant qu'elles étaient à cette température, il
fit serrer fortement en dehors des écrous semblables
à ceux que l'ont voit en BB' sur la figure 14, puis laissa

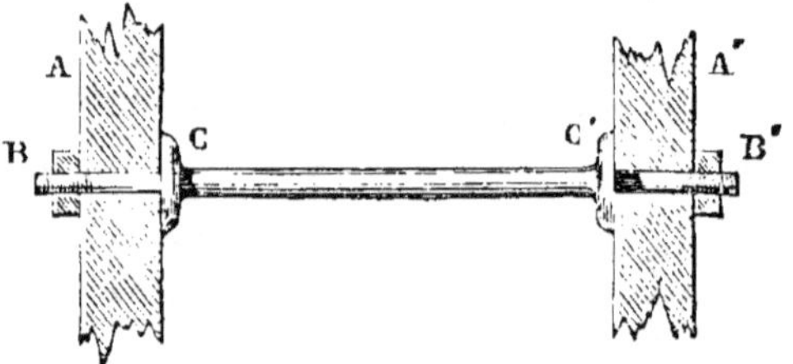

Fig. 14. — Application de la dilatation des corps.

refroidir les barres qui, en se refroidissant, ramenèrent
les murs dans la verticale. Ce but ne fut atteint que
lorsqu'on eut répété plusieurs fois l'opération.

30. Jusqu'ici, quand on posait les rails d'un chemin de
fer, on laissait entre chaque rail et le suivant un petit
intervalle destiné à laisser au métal la facilité de se dilater
sous l'influence des variations de température. Ce petit
intervalle a l'inconvénient de donner lieu à des chocs
lorsque les roues passent dessus. Une étude récemment
faite de la question paraît prouver qu'on peut souder
les rails sans craindre les conséquences de la dilatation.
Des expériences faites en Amérique confirment cette
manière de voir.

On doit tenir compte de la dilatation dans les cons-
tructions métalliques.

COEFFICIENTS DE DILATATION LINÉAIRE DE QUELQUES CORPS SOLIDES

Flint-glass ou cristal anglais............	0,000 008 116
Verre de France avec plomb............	0,000 008 719
Verre de Saint-Gobain..................	0,000 008 908
Acier non trempé......................	0,000 010 791
Acier trempé..........................	0,000 012 395
Fer forgé.............................	0,000 012 204

Fer passé à la filière	0,000 012 350
Cuivre rouge	0,000 017 000
Cuivre jaune	0,000 018 758
Argent	0,000 019 886
Étain	0,000 019 576
Plomb	0,000 028 483
Zinc	0,000 029 416

31. Dilatation des liquides. — L'expérience que nous avons décrite (10) nous a prouvé que les liquides sont dilatables. Mais nous avons fait remarquer qu'il y avait lieu de distinguer la dilatation réelle et la dilatation apparente.

Les questions de dilatation cubique des liquides se traitent comme celles de dilatation cubique des solides. Les liquides ont des coefficients de dilatation en général supérieurs à ceux des solides; le coefficient augmente à mesure que la température s'approche de la température d'ébullition.

Quand on veut avoir la dilatation réelle d'un liquide, il faut à sa dilatation apparente ajouter la dilatation du vase.

La dilatation des liquides est beaucoup plus grande que celle des solides, comme on peut s'en convaincre à la lecture du tableau qui va suivre.

Une expérience simple permet de le prouver. Emplissons une bouteille avec de l'huile et descendons-la avec précaution dans l'eau bouillante d'une marmite. Nous verrons bientôt l'huile sortir de la bouteille et se répandre sur l'eau, ce qui prouve qu'elle est plus dilatable que le verre de la bouteille.

COEFFICIENTS DE DILATATION DE QUELQUES LIQUIDES
A LA TEMPÉRATURE DE ZÉRO.

Alcool	0,001 049
Éther	0,001 513
Aldéhyde	0,001 654
Sulfure de carbone	0,001 140
Brome	0,001 038
Chloroforme	0,001 107

La dilatation de l'eau présente des particularités sur lesquelles nous devons insister.

32. Maximum de densité de l'eau. — En général, lorsqu'un corps se refroidit, il se contracte et sa densité augmente, puisque l'unité de volume du corps contracté contient un nombre de molécules plus grand et, par suite, pèse plus qu'avant sa contraction. Inversement, lorsqu'un corps s'échauffe, il se dilate, sa densité diminue. L'eau et quelques dissolutions salines font exception à cette loi générale.

Lorsqu'on refroidit simultanément un thermomètre à mercure et un thermomètre fait avec de l'eau, on constate d'abord que le liquide baisse à la fois dans les deux instruments ; mais lorsque la température est voisine de 4°, le niveau de l'eau s'arrête et remonte ensuite, tandis que celui du mercure continue à s'abaisser avec la température. Il y a donc aux environs de 4° une température pour laquelle le volume d'un poids donné d'eau est le plus petit possible, et où, par conséquent, la densité du liquide est la plus grande possible.

Despretz[1], par des expériences que nous ne décrirons pas, a déterminé la température exacte de ce maximum ; il a trouvé qu'elle était de 4°,1.

Dans les cours, pour mettre en évidence le maximum de densité de l'eau, on se sert de l'appareil suivant. Il consiste en une éprouvette AB renfermant de l'eau (fig. 15), dans l'intérieur de laquelle pénètrent deux ther-

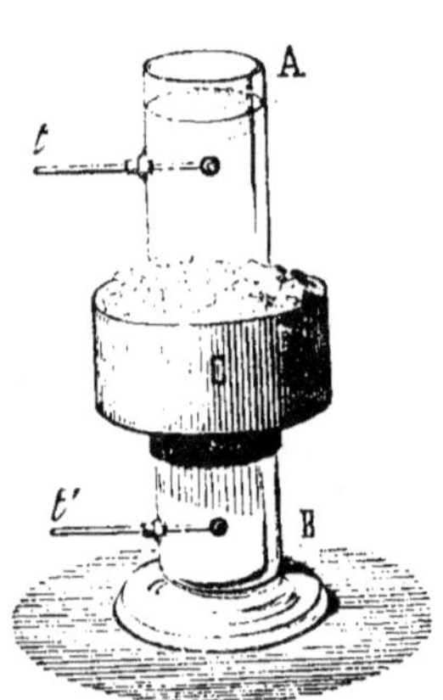

Fig. 15. — Maximum de densité de l'eau.

1. Despretz, professeur de physique à la Sorbonne, mort en 1863, membre de l'Académie des sciences.

momètres t et t'. Un manchon de cuivre C enveloppe la région moyenne de l'éprouvette et peut recevoir de la glace. L'eau de l'éprouvette se refroidit par l'influence de la glace, et les deux thermomètres indiquent un abaissement de température ; le thermomètre t' baisse beaucoup plus vite que le thermomètre t, parce que les couches d'eau, en se refroidissant, acquièrent une densité plus grande et gagnent le fond de l'éprouvette. Les deux thermomè-tres atteignent d'abord la température de 4°, puis le thermomètre inférieur y reste stationnaire, tandis que le thermomètre supérieur continue à baisser. En effet, dès que la température de 4° est atteinte pour toute l'éprouvette, les couches d'eau, qui sont au contact de la glace, se refroidissent, deviennent plus légères, montent à la partie supérieure et sont remplacées par de nouvelles couches descendues en vertu de leur poids. Ces couches se refroidissent et ainsi de suite. Quant aux couches inférieures, elles restent, en vertu de leur plus grande densité, au fond du vase, et sont, par suite, protégées contre le refroidissement.

Le phénomène du maximum de densité de l'eau explique pourquoi pendant l'hiver la température des couches profondes des lacs, des rivières, etc., ne tombe pas au-dessous de 4°. C'est que, à mesure que l'eau atteint la température de 4°, elle gagne le fond et se trouve protégée par les couches supérieures contre le refroidissement de l'atmosphère.

Rappelons aussi que la température du maximum de densité de l'eau a été choisie pour la détermination du gramme, parce qu'aux environs de ce maximum la densité de l'eau varie très peu et qu'une petite erreur dans la mesure de la température n'entraîne qu'une erreur très faible dans la mesure du poids.

33. Dilatation des gaz. — La dilatabilité des gaz est plus grande que celle des solides et des liquides.

Cette dilatabilité est à peu près la même pour **tous les** gaz. On peut dire que l'unité de volume d'un gaz se dilate pour 1° de 0,003665.

34. Principes de calorimétrie. — On appelle *calorimétrie* la partie de la physique qui s'occupe de la mesure des quantités de chaleur. Ces mots *quantités de chaleur* ont été introduits dans la science lorsqu'on croyait que les phénomènes calorifiques étaient dus à un fluide subtil, que les corps se cédaient l'un à l'autre en produisant différents phénomènes, parmi lesquels nous citerons la dilatation. On comparaît entre elles les quantités de chaleur mises en jeu en les rapportant à une quantité de chaleur choisie pour unité. Cette unité de chaleur est la *calorie* : elle est égale à la quantité de chaleur qu'il faut donner à l'unité de poids d'eau pour élever sa température de 0° à 1°. On dit qu'un morceau de charbon en brûlant produit une quantité de chaleur égale à 100 calories, lorsque la quantité de chaleur produite par cette combustion est capable d'élever de 0° à 1° 100 kilogrammes d'eau.

35. Chaleur spécifique. — Ces principes étant bien compris, il est possible maintenant de définir ce qu'on appelle *chaleur spécifique des corps.*

Il faut bien *se garder de croire* que le *même* poids de corps *différents* porté à la *même* température contienne la *même* quantité de chaleur. C'est ce que nous allons d'abord démontrer.

Lorsqu'on mélange 1 kilogramme d'un corps, d'eau par exemple, à 50° avec 1 kilogramme d'eau à 0°, on obtient 2 kilogrammes d'eau à 25°. Si l'on fait cette expérience avec 1 kilogramme de substances différentes, on n'arrive pas au même résultat. Par exemple 1 kilogramme de fer à 50°, plongé dans 1 kilogramme d'eau à 0°, donne une température commune de 5° environ : donc la quantité de chaleur, qu'a gagnée le kilogramme

d'eau au contact du kilogramme de fer, a élevé la température de ce liquide de 5°, tandis que la perte de cette
quantité de chaleur faite par le fer a abaissé de 45° la
température de ce métal. Il en résulte que, si l'on appli-
quait cette quantité de chaleur, d'une part à 1 kilogramme
d'eau à 0°, d'autre part à un kilogramme de fer à 0°, la
température du premier s'élèverait de 5° et celle du
second de 45°. On voit donc que la même quantité de
chaleur produit, sur des poids égaux de différents corps,
des variations inégales de température, et que, par conséquent, pour élever de 1 degré de température des
poids égaux de corps différents, il faudra leur donner
des quantités de chaleur inégales.

Une autre expérience peut être faite à ce sujet. On
fait chauffer à la *même température*, par une immersion
prolongée dans un liquide déterminé, la glycérine par
exemple, des boules de *même poids*, mais de *matières
différentes* (argent, plomb, zinc, étain, cuivre). Puis on
les place à la surface d'un disque de cire : on voit la
cire fondre inégalement au contact de chaque boule, et,
tandis que l'une d'elles a fondu toute l'épaisseur du disque et l'a traversé, l'autre n'en a fondu que la moitié ou
le tiers. Aussi celle-ci met-elle plus de temps à traverser
le disque. Cette expérience prouve que ces boules de
même poids, quoique étant à la *même* température, possèdent des quantités de chaleur *inégales*.

Les corps ne se comportent donc pas tous de la même
manière vis-à-vis de la chaleur, au point de vue de la variation de température qu'un même poids de l'un d'entre eux
subit sous l'influence d'une quantité de chaleur. C'est
pour les définir et les caractériser à ce point de vue qu'on
a introduit dans la science l'idée de chaleur spécifique.

On appelle *chaleur spécifique d'un corps la quantité de
chaleur, exprimée en calories, qu'il faut donner à l'unité
de poids de ce corps pour élever sa température de 0° à 1°.*

Si l'on applique cette définition à l'eau, en se rappelant comment on a défini la calorie, on voit que cette quantité de chaleur est exprimée par 1, ce qui revient à dire que la chaleur spécifique de l'eau est prise pour unité.

TABLEAU DES CHALEURS SPÉCIFIQUES DE QUELQUES CORPS.

Eau..........	1	Acier.........	0,0562
Zinc..........	0,0956	Verre........	0,1976
Fer	0,1138	Mercure	0,0333
Cuivre	0,0952	Laiton........	0,0939
Argent.......	0,0570	Soufre........	0,0202
Plomb........	0,0314	Platine	0,032

L'usage des bouillottes remplies d'eau chaude, dont on se sert dans les chemins de fer pour chauffer les voyageurs, repose sur la grande valeur de la chaleur spécifique de l'eau. Cette chaleur étant dix fois plus grande que celle du fer, par exemple, un poids d'eau déterminé abandonne, en s'abaissant de 1°, 10 fois plus de chaleur que le même poids de fer.

CHAPITRE IV

Notions sur les changements d'état. — Fusion.
Dissolution. — Solidification.

36. Quand on chauffe un corps, il commence par se dilater, puis sa température continuant à s'élever, il devient *liquide*. On dit alors qu'il *fond*. Inversement quand on refroidit un liquide, il commence par se contracter ; puis sa température continuant à s'abaisser, il devient *solide*. On dit alors qu'il se *solidifie*.

37. Quand on chauffe un corps suffisamment, il se transforme en gaz ou vapeur. On dit alors qu'il s'est *volatilisé* ou *vaporisé*.

38. Ces différents passages d'un état à un autre sont désignés sous le nom de *changements d'état*, et on leur donne les noms de *fusion*, *solidification* et *volatilisation* ou *vaporisation*.

39. **Lois de la fusion**. — La fusion d'un corps est soumise aux deux lois suivantes :

1° *La fusion a toujours lieu à la même température pour un même corps ;*

2° *La température demeure constante pendant toute la durée de la fusion.*

Ces lois peuvent se vérifier en mettant un thermomètre en contact avec la substance que l'on étudie.

Nous ferons remarquer qu'un corps conservant la même température pendant toute la durée de la fusion, quelle que soit l'intensité calorifique du foyer, il faut admettre que la chaleur gagnée par le corps est tout entière absorbée par lui pour sa fusion, sans qu'elle soit employée à élever sa température : comme cette chaleur n'a pas d'influence sur le thermomètre plongé au milieu de la masse, on la désigne sous le nom de *chaleur latente de fusion*.

On appelle *chaleur latente de fusion d'un corps la quantité de chaleur exprimée en calories qu'il faut donner à 1 kilogramme de ce corps, pris à la température de fusion, pour le fondre sans élever sa température.* La chaleur latente de fusion de la glace est égale à 80, ce qui veut dire que pour fondre 1 kilogramme de glace pris à zéro, il faut lui donner 80 calories, c'est-à-dire autant de chaleur que pour élever à 80° 1 kilogramme d'eau liquide pris à zéro.

40. Point de fusion. — On appelle *point de fusion* d'un corps la température à laquelle il se fond. Il y a de grandes différences entre les fusibilités des divers corps, et chaque substance a son point de fusion, qui constitue une propriété caractéristique.

TABLEAU DU POINT DE FUSION DE DIVERSES SUBSTANCES.

Glace............	0°	Zinc.............	450
Beurre..........	32	Bronze..........	900
Suif.............	33	Argent..........	1000
Cire vierge......	61	Fonte...........	1100
Cire blanche.....	78	Acier.....1300 à	1400
Acide stéarique..	70	Fer......1500 à	1600
Phosphore.......	44°.2	Cuivre..........	1150
Soufre...........	114	Or..............	1200
Étain...........	228	Platine..........	2000
Plomb..........	330°		

41. Certaines substances ont été considérées pendant longtemps comme infusibles ; mais cela tenait à l'imperfection des moyens calorifiques employés. C'est ainsi que le platine a été regardé longtemps comme infusible.

Henri Sainte-Claire Deville [1] et Debray [2] sont cependant arrivés à fondre des masses considérables de platine en employant des fours en chaux vive, chauffés par la flamme du gaz de l'éclairage qu'activait un courant d'oxygène.

On est arrivé dans ces derniers temps à produire des températures plus élevées que celles que Sainte-Claire Deville et Debray atteignaient dans leurs expériences. M. Moissan, par l'invention du four électrique, a reculé cette limite à 3500 degrés, température à laquelle il n'est presque plus de corps infusibles.

Il est toutefois des substances que l'on ne peut parvenir à fondre : ce sont celles qui se décomposent avant que leur température de fusion soit atteinte. C'est ainsi que la craie, qui est composée d'un corps solide, la chaux, et d'un gaz, l'acide carbonique, se décompose dans le four du chaufournier avant qu'on soit arrivé à la fondre.

Le physicien anglais Halls [3] est pourtant arrivé à fondre la craie en empêchant le gaz acide carbonique de se dégager. Il emplissait avec de la craie en poudre un tube de fer très épais, puis le scellait solidement. Il le soumettait ensuite à une température élevée et retrouvait, après le refroidissement, une substance solide semblable au marbre.

La plupart des corps appartenant aux règnes animal et végétal sont infusibles, parce qu'ils se décomposent par la chaleur en leurs éléments, l'oxygène, l'hydrogène, le carbone et l'azote.

1. Henri Sainte-Claire Deville, membre de l'Académie des sciences, professeur à la Sorbonne et à l'École normale, né à Saint-Thomas (Antilles) en 1818, mort à Paris en 1881.

2. Henri Debray, élève et collaborateur de Sainte-Claire Deville, membre de l'Académie des sciences, professeur à la Sorbonne et à l'École normale, né à Amiens en 1827, mort à Paris en 1888.

3. Halls, né en 1667 dans le comté de Kent, mort en 1761.

42. **Influence de la pression sur le point de fusion**. — La première loi de la fusion subit quelques exceptions. C'est ainsi que, soumises à une puissante pression, certaines substances solides ne se liquéfient qu'à une température plus élevée que la température normale : telle est la paraffine. D'autres au contraire se liquéfient plus tôt : telle est la glace.

Tyndall [1] a fait à ce sujet une expérience très remarquable. Il prend deux pièces de bois creusées chacune d'une cavité et les superpose en mettant en regard ces cavités, après avoir eu soin de placer entre elles une couche épaisse de glace en

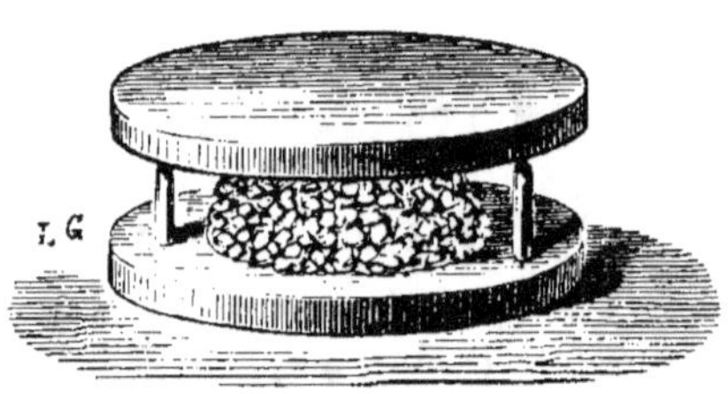

Fig. 16.— Fusion de la glace par la pression.

fragments (fig. 16). Puis il les soumet à une forte pression, la glace se brise, ses fragments remplissent la cavité; sous l'influence de la pression, une partie de cette glace se liquéfie, et l'eau provenant de cette fusion se répartit entre les fragments. Au moment où l'on fait cesser la pression, cette eau se solidifie de nouveau, soude entre eux tous ces fragments, et l'on retire de l'appareil un bloc de glace qui a la forme des deux cavités superposées et qui paraît s'y être moulé.

43. On peut encore faire l'expérience suivante. On prend un morceau de glace que l'on fait reposer par ses extrémités sur deux supports S et S' (fig. 17); on place sur lui un fil métallique fmf' aux extrémités duquel sont attachés des poids P et P'. La pression que le fil exerce sur la glace, par suite de la traction qu'exercent les poids,

1. John Tyndall, célèbre physicien anglais, professeur à l'Institution royale de Londres, mort en 1893.

fait fondre la glace et le fil la traverse peu à peu. Quand il a traversé le morceau tout entier, les deux tronçons ne font encore qu'un seul morceau, parce qu'ils se sont ressoudés par la solidification de l'eau provenant de la fusion. Cette solidification doit avoir lieu, puisque l'eau qui est au-dessus du fil, dans la fente qu'il a tracée, ne supporte plus la pression qu'il exerce sur la glace.

Cette solidification de l'eau, après fusion de la glace sous l'influence de la pression, est désignée sous le nom de *regel*.

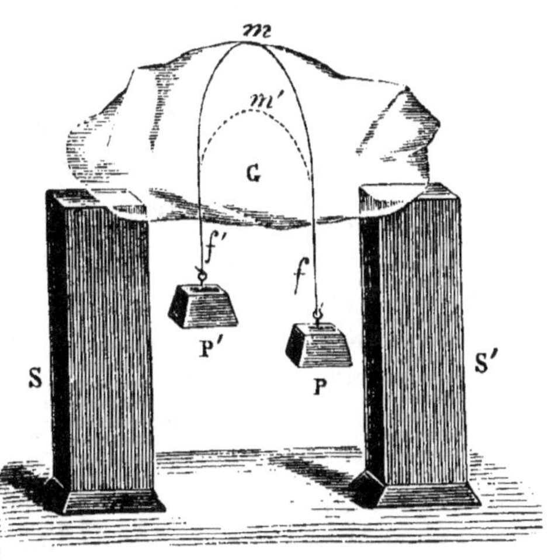

Fig. 17. — Fusion de la glace par la pression.

Les mêmes phénomènes expliquent la facilité avec laquelle on casse la glace en appuyant sur elle avec une forte épingle. Sous l'influence de la pression, la glace se fond aux points où elle est pressée par la pointe qui pénètre dans la masse solide.

44. Marche et formation des glaciers. — On a constaté de différentes manières que les masses énormes de glace, appelées *glaciers*, qui sont dans les vallées de certains pays de montagnes, ne sont pas immobiles, mais sont en mouvement continu et descendent le long de ces vallées. Des piquets plantés dans la glace, des cabanes élevées et fixées à sa surface, ont été retrouvés au bout d'un certain temps loin de l'endroit où on les avait d'abord observés. Ce déplacement ne peut s'expliquer que par le mouvement du glacier et ce mouvement lui-même s'explique de la manière suivante. Si la vallée dans laquelle se trouve le glacier avait partout la même largeur, on comprendrait qu'il glissât sur le fond incliné de cette vallée; mais comme elle présente des étranglements, il y a lieu de se demander comment ces masses de glace peuvent passer à travers ces étranglements. Les phénomènes précédents nous permettent de répondre à cette question. Sous l'influence de la pression exercée par le glacier sur les parois de la vallée, là où elle se rétrécit, et par suite sur la glace elle-même, celle-ci se fond pour subir le phénomène du regel aussitôt qu'elle a traversé l'étranglement.

La formation elle-même des glaciers s'explique par des considérations analogues. A partir d'une certaine altitude, la vapeur d'eau atmosphérique se congèle et forme sur les montagnes des masses énormes de neige. Ces masses glissent sur le flanc de ces montagnes et se déversent dans les vallées; leurs parties inférieures subissent sous l'influence des parties supérieures une compression qui les agglomère et les change en glace compacte. De même, quand on comprime fortement dans les mains une boule de neige, on en fait une masse solide et dure.

45. Dissolution. — La dissolution d'un corps solide dans un liquide est un véritable phénomène de fusion. Le changement d'état du corps se fait ici sous l'influence d'une action spéciale que le liquide exerce sur le solide. C'est sous l'influence de cette action que le sucre se dissout dans l'eau, que le soufre et le phosphore se dissolvent dans le sulfure de carbone, que l'iode se dissout dans l'alcool, pour former la *teinture d'iode*, etc.

Il y a ici encore absorption de chaleur, et, si le phénomène se produit souvent sans qu'il y ait intervention apparente de calorique, il n'en est pas moins vrai de dire que la fusion du corps nécessite l'absorption d'une certaine quantité de chaleur, qui est empruntée au liquide lui-même. Pour s'en convaincre, il suffit de remarquer que beaucoup de substances, en se dissolvant dans l'eau, produisent un abaissement de température; ainsi, par exemple, l'azotate d'ammoniaque. Si l'on mélange parties égales de ce sel et d'eau à 10° au-dessus de zéro, la dissolution fait baisser la température jusqu'à 15° au-dessous de zéro.

Dans certains cas, le phénomène physique de la dissolution est accompagné d'un phénomène chimique, qui consiste dans la combinaison du solide avec le liquide. Cette combinaison se produit, comme la plupart des combinaisons chimiques, avec dégagement de chaleur. C'est ce qui explique que la dissolution d'un corps n'est pas toujours accompagnée d'un abaissement de température.

Tantôt la température ne varie pas sensiblement pendant la dissolution du corps; c'est qu'alors la chaleur dégagée par la combinaison compense l'effet inverse produit par la dissolution. Tantôt, au contraire, il y a élévation de température, parce que la chaleur dégagée pendant la combinaison est plus considérable que la chaleur absorbée par le changement d'état. L'exemple suivant peut servir à mettre en évidence les effets inverses de cette double influence.

Mélangeons quatre parties en poids d'acide sulfurique et une partie de glace. L'affinité, ou tendance à la combinaison, que l'acide sulfurique a pour l'eau, détermine la fusion de la glace et, par suite, une absorption de chaleur latente; mais l'abaissement de température qui en résulterait est bientôt compensé, et au delà, par la chaleur que dégage la combinaison de l'eau et de l'acide sulfurique, et la température s'élève finalement jusqu'à près de 100°.

Mélangeons, au contraire, quatre parties en poids de glace et une partie d'acide sulfurique; le thermomètre plongé dans la masse descendra jusqu'à 20° au-dessous de zéro. C'est qu'en effet le dégagement de chaleur diminuant avec la quantité d'acide employé, il y a moins de chaleur produite ici que dans le cas précédent, puisqu'on a employé quatre fois moins d'acide, tandis qu'au contraire le poids de glace employé étant quatre fois plus grand, il y a quatre fois plus de chaleur latente absorbée.

46. **Mélanges réfrigérants**. — La production artificielle du froid au moyen des *mélanges réfrigérants* repose sur les principes précédents. En mélangeant de la glace et du sel en parties égales, on peut obtenir une température de 17° au-dessous de zéro. Ici il y a deux causes d'abaissement de température : la fusion de la glace et le passage du sel de l'état solide à l'état liquide. En même temps, la combinaison du sel avec l'eau tend à élever la température; mais cette dernière influence étant la plus faible, il y a, en définitive, production de froid. On comprend facilement que, si l'on plonge des corps au milieu de ce mélange, ils se refroidiront, puisque la chaleur nécessaire au changement d'état leur sera empruntée.

Il n'y a pas que la glace et le sel qui jouissent de la propriété de produire du froid par leur action réciproque :

5 parties en poids de sel ammoniac, 5 parties de salpêtre et 16 parties d'eau mélangées peuvent abaisser la température de 10° au-dessus de zéro jusqu'à 12° au-dessous;

3 parties de sulfate de soude et 8 parties d'acide chlorhydrique abaissent la température de 10° au-dessus de zéro jusqu'à 17° au-dessous;

2 parties de neige ou de glace pilée et 3 parties de chlorure de calcium font baisser le thermomètre de 0° à 27° au-dessous de zéro.

Glacières artificielles. — L'emploi du mélange d'acide chlorhydrique et de sulfate de soude a pris une certaine extension par suite de l'usage des glacières artificielles. Ces appareils sont formés d'un seau en fer-blanc AB (fig. 18) entièrement recouvert de lisières de drap, dans l'intérieur duquel on place un mélange réfrigérant. Au milieu de ce dernier se trouve un vase CD qui renferme le liquide à congeler. Pour augmenter la surface de contact, on lui donne la forme que représente la figure 18.

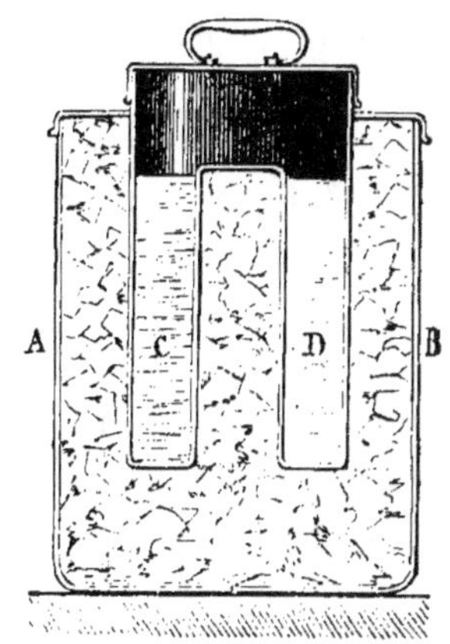

Fig. 18. — Glacière artificielle.

47. Solidification. — Si les solides se fondent lorsqu'on les chauffe, inversement les liquides se solidifient quand on les refroidit. Cette solidification a lieu à des températures différentes pour les différents corps. Certains liquides n'ont pas encore été solidifiés; mais on doit attribuer cette impossibilité à ce que l'on ne possède pas encore des moyens assez énergiques de refroidissement.

48. Lois de solidification. — La solidification est soumise aux lois suivantes :

1° *Un même liquide se solidifie toujours à la même température, qui est précisément celle de la fusion du solide dans lequel il se transforme.*

2° *Cette température une fois atteinte, le liquide se solidifie peu à peu, sa température demeurant invariable pendant toute la durée de la solidification.*

L'identité des points de fusion et de solidification doit être interprétée de la manière suivante. Si la température d'une masse liquide s'abaisse tant soit peu au-dessous de son point de fusion, le liquide se solidifie. Si la température d'un corps s'élève d'une quantité infiniment petite au-dessus de son point de solidification, il devient liquide. Il en résulte que le thermomètre, ne révélant pas ces variations très faibles de température, marque la même température pour la fusion et pour la solidification.

La lenteur de la solidification résulte de ce que la chaleur latente, qui avait été absorbée au moment de la fusion, se dégage au moment où le corps se solidifie. Par suite, quand une portion du liquide est solidifiée, il faut que la chaleur qu'elle a cédée au liquide qui l'entoure ait été donnée aux corps environnants, avant que le reste de la masse puisse se solidifier.

49. Surfusion. — Nous avons dit que la température normale de solidification coïncide avec celle de la fusion. Toutefois un corps peut conserver l'état liquide jusqu'à une température très inférieure à celle de sa liquéfaction. Fahrenheit, Gay-Lussac[1] ont constaté ce fait les premiers. Despretz a montré qu'en refroidissant, à l'aide d'un mélange réfrigérant, un vase contenant de l'eau, on peut, si on la maintient à l'abri de toute agitation, la refroidir jusqu'à 20° au-dessous de zéro sans qu'elle se solidifie. Mais si l'on vient à l'agiter, ou à laisser tomber au milieu d'elle une parcelle de glace, elle se solidifie immédiatement et sa température remonte à 0°.

Lorsqu'un liquide atteint une température inférieure à son poids normal de solidification, sans se solidifier, on dit qu'il est en *surfusion*.

L'eau n'est pas le seul corps qui puisse rester en surfusion. M. Gernez a montré que le phosphore, le soufre peuvent rester en surfusion. Le soufre, qui fond à 114° et doit, lorsqu'il est liquide, se solidifier à cette température, peut rester liquide jusqu'à la température ordinaire,

---

1. Gay-Lussac, né à Saint-Léonard (Haute-Vienne) en 1778, mort à Paris en 1850. Membre de l'Académie des sciences et professeur à la Faculté des sciences.

lorsqu'on le refroidit lentement et sans agitation au milieu d'une dissolution de chlorure de zinc suffisamment concentrée pour avoir la même densité que le soufre. Le phosphore, qui fond à 44°, peut aussi, lorsqu'on le refroidit sous l'eau, être ramené à la température ordinaire sans qu'il se solidifie, pourvu qu'on ait ajouté à l'eau quelques gouttes d'acide azotique.

Pour faire solidifier immédiatement ces liquides en surfusion, il suffit de laisser tomber au milieu du soufre une parcelle de soufre, au milieu du phosphore une parcelle de phosphore. Encore faut-il que le corps solide soit de même nature que le corps liquéfié : ainsi une parcelle de la variété de phosphore appelée *phosphore rouge* ne ferait pas solidifier le phosphore ordinaire en surfusion.

Ajoutons qu'une agitation mécanique, le frottement d'une baguette de verre, suffit aussi pour déterminer la solidification.

50. Cristallisation par voie humide. — Sursaturation. — La quantité de matière solide, que peut dissoudre un liquide, dépend de la nature du solide, de celle du liquide et de la température à laquelle se fait la dissolution. En général cette quantité croît avec la température.

Quand un liquide, l'eau par exemple, a dissous, à une température déterminée, tout ce qu'il peut dissoudre d'un corps solide, on dit qu'il est *saturé*. Si la température vient à s'abaisser, le pouvoir dissolvant du liquide diminuant, une partie du solide dissous se solidifie. Si le refroidissement est lent, le corps reprend l'état solide en affectant des formes géométriques régulières : on dit alors qu'il *cristallise*.

Si l'on dissout, par exemple, de l'azotate de potasse ou salpêtre dans de l'eau chaude jusqu'à ce qu'elle soit saturée, et qu'on laisse la dissolution se refroidir lentement, on verra se former et partir des parois du vase de beaux cristaux prismatiques.

Il peut arriver qu'un liquide en se refroidissant ne laisse pas cristalliser le corps qu'il tient en dissolution. On dit alors qu'il est *sursaturé*. M. Gernez a donné de ce fait un certain nombre d'exemples. Il a montré que le phénomène de la sursaturation réussit très bien avec une dissolution saturée à chaud d'acétate de soude. Si on la laisse se refroidir lentement dans un ballon, elle ne cristallise pas; mais dès qu'on laisse tomber dans le liquide la plus petite parcelle d'acétate de soude solide, la cristallisation se fait immédiatement avec dégagement de chaleur.

51. Cristallisation par voie sèche. — Lorsqu'on a fondu un corps par l'action de la chaleur et qu'on le laisse se refroidir lentement, il revient lentement aussi à l'état solide en affectant des formes géométriques régulières. On dit alors que la cristallisation a lieu par *voie sèche*. Le soufre nous offre un bel exemple de ce phénomène.

52. Changements de volume pendant la fusion et la solidification. — La plupart des corps augmentent de volume au moment où ils se fondent, et, réciproquement, leur solidification est accompagnée d'une contraction. L'eau fait cependant exception; elle augmente de volume lorsqu'elle se solidifie. La glace est, par suite, moins dense que l'eau, et c'est ce qui explique pourquoi, pendant l'hiver, les glaçons flottent à la surface des rivières. On dit alors qu'elles *charrient*.

La dilatation de l'eau, au moment de la congélation, se fait avec une force considérable. Huyghens observa qu'un canon de fer qu'il avait complètement rempli d'eau, qu'il avait ensuite fermé et plongé dans un mélange réfrigérant, se brisait avec bruit au moment de la congélation du liquide intérieur.

L'expérience suivante peut servir à montrer la force de dilatation de l'eau par la congélation. Prenons un flacon en verre, emplissons-le d'eau entièrement et bouchons-le avec un bouchon que nous assujettirons sur le goulot avec une ficelle. Si nous mettons le flacon dans un mélange réfrigérant de glace et de sel, le flacon se brisera au moment de la congélation de l'eau.

Cette expérience explique la rupture, pendant les gelées, des vases remplis d'eau. Les pierres dites *gélives* se fendent, parce que l'eau qu'elles contiennent augmente de volume au moment de sa solidification. C'est de là que vient l'expression : *Il gèle à pierre fendre*. On explique de même les ravages produits par les gelées tardives dans les végétaux qu'elles frappent au moment où la sève commence à circuler.

Le bismuth et la fonte augmentent aussi de volume en se solidifiant. C'est ce qui rend la fonte très précieuse pour le moulage, parce qu'en se solidifiant elle se dilate et épouse fidèlement tous les détails du moule dans lequel on l'a coulée.

Nous ferons remarquer ici que les corps, qui augmentent de volume pendant la solidification, sont ceux dont le point de fusion est abaissé par la pression, la glace par exemple. M. Bunsen a montré que, pour les corps qui diminuent de volume en se solidifiant, la pression élevait le point de fusion.

CHAPITRE V

Conductibilité. — Chaleur rayonnante.
Applications pratiques.

53. Corps bons et mauvais conducteurs. — Lorsque, tenant une cuiller d'argent par une de ses extrémités, on plonge l'autre dans l'eau bouillante, la cuiller s'échauffe bientôt assez pour qu'il devienne impossible de la tenir plus longtemps. C'est que la chaleur de l'eau bouillante s'est transmise à la partie plongée, et se propageant ensuite de molécule en molécule est arrivée jusqu'à l'autre extrémité. La propriété qu'ont les corps, à un degré plus ou moins élevé, de pouvoir transmettre la chaleur de molécule à molécule à travers leur masse est désignée sous le nom de *conductibilité*. L'argent est dit un corps *bon conducteur*.

Si l'on refait l'expérience précédente avec une cuiller de bois, elle ne s'échauffe pas : on dit que le bois est *mauvais conducteur*. C'est pour cela que nous pouvons tenir par une de ses extrémités une allumette enflammée à son autre extrémité.

54. Conductibilité des corps solides. — Les corps solides ne possèdent pas tous au même degré le pouvoir de conduire la chaleur.

Prenons deux barres de même longueur : l'une de cuivre, l'autre de fer. Suspendons-les horizontalement après avoir fixé sur leur face inférieure avec de la cire des boules de bois de même grosseur et à des intervalles équidistants. Puis, plaçons une lampe à alcool sous l'extrémité gauche, par exemple, de chaque barre : la chaleur va se propager de gauche à droite dans chacune d'elles, elle fondra successivement les couches de cire et les boules se détacheront, mais, comme le cuivre est plus conducteur que le fer, la boule d'un ordre donné se détachera plus tôt du cuivre que du fer.

55. Appareil d'Ingenhousz. — L'appareil d'Ingenhousz [1] peut servir à comparer les conductibilités des

Fig. 19. — Appareil d'Ingenhousz.

corps solides. Sur l'une des faces d'une caisse rectangulaire en laiton B (fig. 19) sont implantées des tiges de même longueur et de même diamètre, faites avec les substances à comparer entre elles. On plonge tous les cylindres dans un bain de cire fondue et on les retire promptement. Quand la cire est solidifiée à la surface des tiges, on verse de l'eau bouillante dans la caisse : la chaleur pénètre dans les cylindres et fait fondre la cire qui les recouvre. On juge de la conductibilité plus ou moins grande des tiges par la distance à laquelle la fusion de la cire s'étend dans le même temps sur chaque tige.

L'ordre des conductibilités est le suivant :

Argent, cuivre, or, laiton, zinc, étain, fer, acier, plomb, platine, verre, marbre, porcelaine, poterie, charbon, bois.

1. Ingenhousz, médecin et physicien, né à Bréda (Hollande) en 1730, mort en 1799.

56. **Conductibilité des corps liquides**. —

Quand on chauffe un liquide par sa partie inférieure, il s'établit dans la masse des courants que l'on peut mettre en évidence par l'expérience suivante. Un vase de verre (fig. 20) contient de l'eau dans laquelle on a mis de la sciure de bois en suspension. On la chauffe sur une petite portion de sa paroi inférieure, et l'on voit les parcelles de sciure, entraînées par les courants, monter et descendre, comme l'indiquent les flèches de la figure.

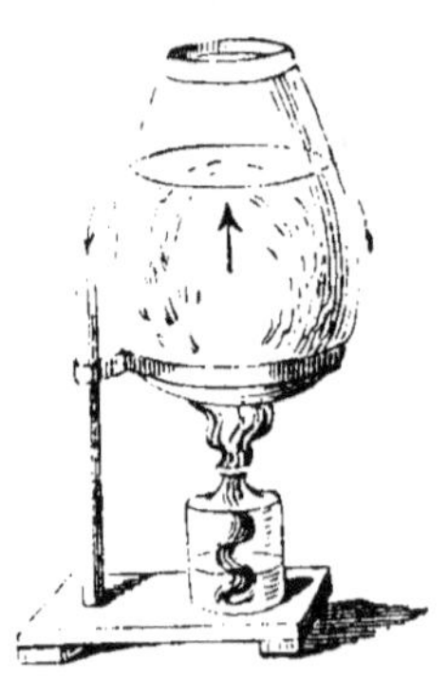

Fig. 20. — Échauffement des liquides.

Il est évident dès lors que, pour apprécier la conductibilité des liquides, il faut se mettre à l'abri des courants dont nous venons de parler. On peut le faire en chauffant les liquides par leur partie supérieure. On a constaté ainsi que les liquides sont fort mauvais conducteurs de la chaleur.

On peut prouver le peu de conductibilité des liquides de la manière suivante. Prenons un tube de verre fermé par un bout et de 50 centimètres de long environ. Au fond de ce tube mettons de la glace et, au-dessus, de l'eau, après avoir mis sur la glace un morceau de plomb pour l'empêcher de remonter à travers l'eau. Chauffons les couches supérieures de l'eau avec une lampe, nous pourrons les faire bouillir sans que la glace fonde.

On peut faire brûler une couche d'alcool à la surface de l'eau, sans qu'un thermomètre placé dans cette eau marque d'élévation sensible de température.

Rumford[1] avait même nié la conductibilité des liquides.

---

1. Comte de Rumford, physicien célèbre, né dans l'Amérique anglaise, à Rumford, en 1753, mort à Auteuil en 1815.

Murray en a prouvé l'existence par l'expérience suivante. Après avoir creusé une cavité dans un bloc de glace, il plaça au fond un thermomètre; puis, emplissant la cavité successivement d'huile et de mercure, il approcha de la surface du liquide un corps chaud et constata une élévation de température du thermomètre. La propagation ne s'est pas faite par les parois du vase, puisque ce vase est resté à zéro : elle ne s'est pas faite directement par rayonnement, car, si on ne touche pas le liquide avec le corps chaud, l'effet est moins sensible.

57. Conductibilité des corps gazeux. — Les gaz sont encore plus mauvais conducteurs que les liquides ; leur échauffement se fait aussi par des courants intérieurs.

58. Applications. — Les principes que nous venons d'exposer donnent lieu à de nombreuses applications pratiques.

Certains corps paraissent froids à la main qui les touche : les métaux, par exemple. En effet, la chaleur que la main donne à ces corps ne restant pas aux points de contact, mais se transmettant par conductibilité, la main fournira du calorique jusqu'à ce que tout le morceau de métal soit en équilibre de température avec elle ; de là une sensation de froid. Si, au contraire, on touche un morceau de bois, la chaleur, ne quittant guère les points de contact, l'équilibre est bientôt atteint en ces points. Aussi le bois paraît-il moins froid que le métal, quoique ayant la même température que lui.

Pour conserver la glace dans les glacières, on prend des précautions qui reviennent toutes à l'entourer de substances peu conductrices, et, par suite, peu capables de lui transmettre la chaleur du dehors.

Quand on enveloppe un morceau de glace avec une étoffe en laine, on l'empêche de fondre : car la laine, conduisant mal le calorique, protège la glace contre l'action de la chaleur extérieure. Inversement, quand on veut conserver un liquide chaud dans un vase, il suffit de l'envelopper avec de la laine, qui, par sa mauvaise conductibilité, maintient la chaleur à l'intérieur du vase.

Les vêtements de laine, dont nous nous couvrons pendant l'hiver, ne nous apportent pas de chaleur, mais ils empêchent, par leur mauvaise conductibilité, la chaleur de notre corps de se répandre au dehors.

Inversement les habitants des pays chauds portent des vêtements de laine pour empêcher la chaleur extérieure de pénétrer jusqu'à leur corps.

La toile conduit mieux la chaleur que la laine : c'est pour cela que les vêtements de toile dans nos climats nous paraissent frais et agréables à porter pendant l'été, parce qu'ils prennent de la chaleur à notre corps. Nous ferons remarquer que le défaut de conductibilité des subtances filamenteuses provient en partie de ce qu'elles emprisonnent une couche d'air, qu'une foule de petits obstacles empêchent de se mouvoir. L'édredon, dont nous recouvrons nos lits pendant l'hiver, doit ses effets à sa mauvaise conductibilité et surtout à celle de l'air emprisonné entre les brins de duvet. L'emploi des doubles fenêtres repose aussi sur la mauvaise conductibilité de la couche d'air enfermée entre les deux parois.

On a fait une très ingénieuse application des principes précédents dans l'invention d'appareils destinés à cuire les aliments sans l'action continue d'un foyer de chaleur. Ces appareils, appelés *cuisine automatique*, se composent d'une boîte en bois garnie intérieurement de substances filamenteuses recouvertes de feutre. Au centre se trouve une cavité destinée à recevoir le vase où l'on fera cuire les aliments. Pour faire le potage, on met dans un récipient en fer-blanc les substances nécessaires, eau, viande, légumes, etc., et, après les avoir fait bouillir jusqu'à formation de l'écume, on enlève celle-ci, on ferme le vase et on l'introduit dans la boîte dont nous avons parlé. On ferme avec un couvercle garni comme la boîte, et on abandonne le tout. Au bout de six à sept heures, on peut ouvrir l'appareil; la chaleur développée pendant l'ébullition s'est conservée, grâce à la mauvaise conductibilité des parois, et l'on obtient un potage encore chaud et ne différant en rien de ceux que l'on fait par les procédés ordinaires.

Il y aurait bien d'autres applications à citer de la mauvaise conductibilité de certains corps. Le fer à souder, dont se sert le plombier, est muni d'un manche de bois qui lui permet de le tenir sans se brûler : il en est de même du manche en bois des bouillottes ou de l'osier dont on l'entoure.

Les tapis dont nous recouvrons le parquet de nos appartements maintiennent nos pieds chauds, parce qu'ils sont mauvais conducteurs de la chaleur.

La neige qui recouvre le sol pendant l'hiver le protège, ainsi que les plantes, contre les effets de gelées trop rigoureuses.

59. Chaleur rayonnante. — Lorsqu'on s'approche d'une cheminée où se trouve du charbon ou du bois en ignition, on éprouve une sensation de chaleur. Si l'on place devant l'ouverture de la cheminée une bougie allumée, on voit sa flamme s'incliner vers le foyer, ce qui prouve l'existence d'un courant d'air allant de l'appartement dans la cheminée. L'existence de ce courant ne permet pas d'admettre que la chaleur soit arrivée par conductibilité de l'air, puisqu'à mesure que les molécules d'air s'échaufferaient, elles seraient emportées par le courant, sans pouvoir arriver au contact de nos organes.

60. Rumford a, du reste, démontré d'une manière péremptoire que la chaleur peut se transmettre directement d'un corps à l'autre, sans l'intermédiaire de corps inter-

posés. Il prenait un ballon de verre V (fig. 21), dont le centre était occupé par le réservoir d'un thermo- mètre, et y soudait un tube AB de 80 centimètres environ; il emplissait l'appareil de mercure, et le renver- sait sur une cuvette contenant aussi du mercure. Le liquide s'abaissait, laissant le vide au-dessus de lui; puis, à l'aide du dard du chalumeau, Rumford séparait

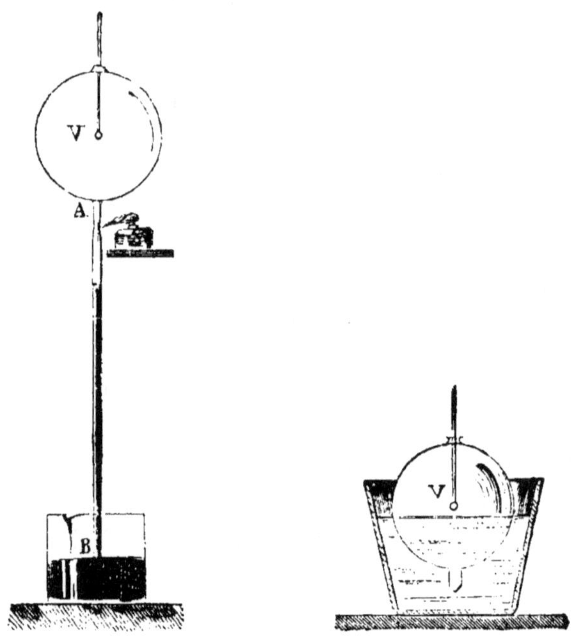

Fig. 21 et 22. — La chaleur se propage dans le vide.

le ballon du tube au-dessus du niveau du mercure. Plon- geant alors le ballon dans l'eau chaude (fig. 22), il voyait le thermomètre indiquer instantanément une élévation de température; ce qui prouve que la chaleur de l'eau chaude (chaleur qui n'est accompagnée d'aucun dégage- ment de lumière et que l'on nomme, pour cela, chaleur obscure) traverse le vide barométrique.

La chaleur lumineuse du soleil jouit, du reste, évidemment de la même propriété, puisque, avant d'arriver dans les limites de l'atmosphère qui enveloppe la terre, elle a traversé les espaces interplanétaires où il n'existe aucune matière pondérable.

La transmission directe de la chaleur est dite transmission *par rayonnement*.

61. Dans un milieu homogène, la chaleur se transmet d'un point à un autre en suivant une ligne droite. — Soit en S une source de chaleur (fig. 23), en T la boule d'un thermomètre, toutes deux très petites. Le thermomètre recevant la chaleur, que lui envoie la source, indique une élévation de température; mais si l'on interpose en un des points de la ligne ST un écran en carton ou en métal, le thermomètre revient aussitôt à la température de l'air ambiant,

Fig. 23. — La chaleur se propage en ligne droite.

ce qui prouve que la chaleur de la source S ne lui arrive plus. L'écran interposé en tout autre point de l'espace n'empêche pas la chaleur d'arriver en T; donc la chaleur suit la ligne droite ST pour aller de S en T et pas d'autre. La ligne droite suivie par la chaleur dans sa propagation est appelée *rayon calorifique*.

62. La quantité de chaleur qu'une source calorifique envoie sur une surface donnée est inversement proportionnelle au carré de la distance de la surface à la source. C'est pour cela que nous nous approchons d'une source de chaleur quand nous voulons nous réchauffer, et que nous nous éloignons d'elle lorsque nous la trouvons trop intense.

63. Émission de la chaleur rayonnante. — Lorsqu'un corps se refroidit, on reconnaît que le temps qu'il met à s'abaisser d'un certain nombre de degrés dépend de la nature de sa surface. Rumford prenait, pour le prouver, deux vases cylindriques, suspendus par des fils ou reposant sur trois pointes en bois, de manière que la chaleur ne pût se perdre par conductibilité du support. Ces vases étaient remplis d'eau bouillante. La surface latérale de l'un était nue, celle de l'autre recouverte d'une toile fine; un thermomètre, plongé dans chacun, indiquait la température de l'eau qu'il contenait. Ayant versé de l'eau à la même température dans les deux cylindres, Rumford constata que le vase nu se refroidissait beaucoup plus vite que le vase recouvert de toile, ce qui indiquait évidemment qu'il rayonnait plus de chaleur vers l'espace environnant. Ayant recouvert l'un des cylindres de substances différentes, il reconnut que, dans des conditions identiques, la vitesse de refroidissement variait avec la nature de la substance.

64. Pouvoirs émissifs. — On nomme *pouvoir émissif* d'un corps la faculté plus ou moins grande qu'il possède de rayonner de la chaleur au dehors.

Les physiciens ont déterminé, par des procédés que nous ne décrirons pas ici, les pouvoirs émissifs des différents corps.

De la Provostaye et Paul Desains [1] ont apporté dans ces recherches une grande précision. Nous indiquerons les résultats auxquels ils sont arrivés.

Noir de fumée....	1	Argent vierge..	0,1309
Colle de poisson..	0,91	Argent bruni...	0,0135
Gomme laque....	0,62	Platine laminé.	0,112

On voit que les métaux ont un très faible pouvoir

1. Hervé de la Provostaye, physicien français, né à Redon en 1812, mort à Paris en 1863. — Paul Desains, membre de l'Académie des sciences, professeur de la Faculté des sciences de Paris, mort à Paris en 1882.

émissif; c'est ce qui explique pourquoi la vaisselle métallique conserve aussi bien la chaleur des aliments.

Nous ferons aussi remarquer que l'emploi des tubes en cuivre poli, comme tuyaux de poêles ou de cheminées, donne lieu à une émission de chaleur moins grande que l'emploi de tuyaux en tôle noircie.

65. Melloni [1] a démontré que la couleur d'un corps n'influe pas sur la quantité de chaleur qu'il rayonne : ce qui montre que la couleur de nos vêtements n'a pas d'influence sur la quantité de chaleur qu'ils nous font perdre par rayonnement et que la couleur de la fourrure d'un animal n'influe pas non plus sur la quantité de chaleur qu'il rayonne.

66. La quantité de chaleur émise par un corps est d'autant plus grande que la température du corps rayonnant surpasse davantage celle du milieu ambiant.

Du reste, le refroidissement d'un corps est un phénomène très complexe; il ne dépend pas seulement de la température, mais de la nature de l'espace environnant.

67. **Réflexion de la chaleur rayonnante.** — Lorsque la chaleur rayonnante tombe sur un corps dont la surface est polie, elle éprouve un changement de direction qui la rejette en avant de ce corps. On dit alors que la chaleur s'est réfléchie. Soit un rayon calorifique AB (fig. 24) tombant sur une surface parfaitement

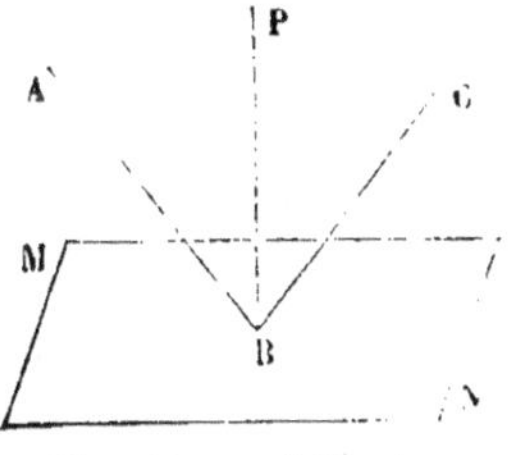

Fig. 24. — Réflexion de la chaleur.

polie MN; il est renvoyé par la surface dans la direction BC. Or, si l'on élève une perpendiculaire BP à la sur-

1. Melloni, physicien italien, né à Parme en 1801, mort à Naples en 1854.

face au point d'incidence B, on constate par l'expérience que : 1° *les deux plans* APB *et* PBC *coïncident*; 2° *l'angle d'incidence* ABP *est égal à l'angle de réflexion* PBC.

Nous n'insisterons pas sur la démonstration expérimentale de ces lois; nous indiquerons cependant comment on arrive à se convaincre de leur exactitude, en comparant les effets de la chaleur réfléchie à ceux de la lumière réfléchie.

Quand on dispose, en face l'un de l'autre, deux miroirs sphériques concaves AA', BB' (fig. 25), de manière que les centres C, C' des sphères auxquelles ils appartiennent soient sur une ligne passant par les points mi-

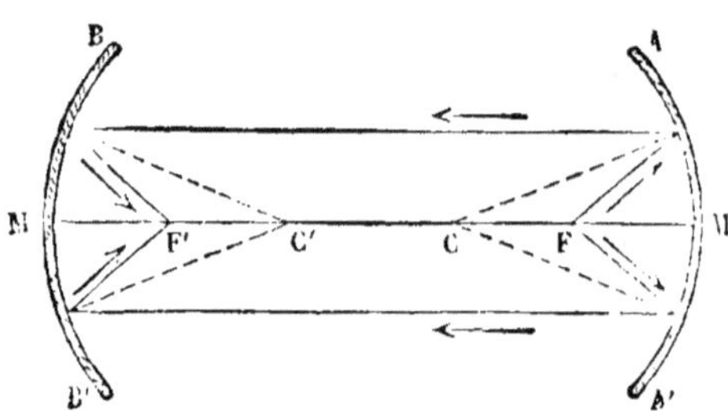

Fig. 25. — Réflexion de la chaleur.

lieux M, M' de leurs surfaces; qu'en un point F de cette ligne, milieu du rayon MC passant par F, on dispose la flamme d'une bougie, les rayons lumineux, qui en sortent, se réfléchissent sur AA' parallèlement à la ligne des centres, vont ensuite tomber sur BB' qui les réfléchit à son tour de manière qu'ils aillent passer par F', milieu de la ligne M'C'.

Or, au point F', on peut recevoir sur un écran l'image très nette et très brillante de la bougie. Ce fait est une conséquence des lois de la réflexion de la lumière qui sont identiques à celles que nous avons énoncées plus haut pour la chaleur. Mais si l'on remplace l'écran F' par un thermomètre, on constate une élévation sensible de température, ce qui conduit à admettre pour la chaleur les mêmes lois de réflexion que pour la lumière.

Pour rendre la démonstration plus frappante, on dispose souvent en F une grille contenant des charbons incandescents; on peut alors en F′ allumer de l'amadou, et comme le morceau d'amadou commence à noircir du côté BB′, on conclut que c'est bien la chaleur réfléchie qui est cause de son inflammation (fig. 26).

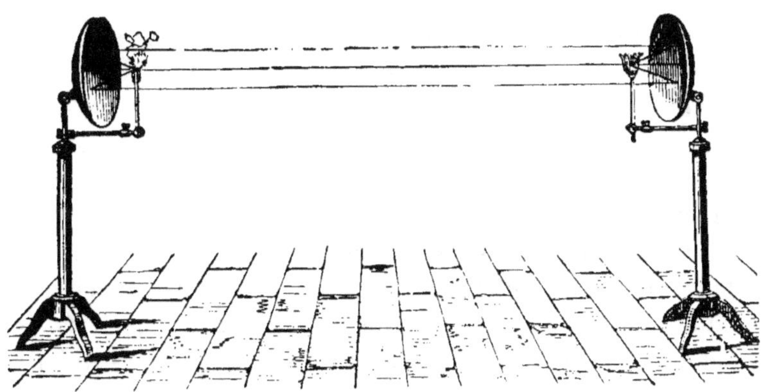

Fig. 26. — Réflexion de la chaleur.

68. Pouvoirs réflecteurs. — Tous les corps n'ont pas au même degré le pouvoir de réfléchir la chaleur, et on nomme *pouvoir réflecteur* d'une surface polie le rapport de la quantité de chaleur réfléchie à la quantité de chaleur incidente.

De la Provostaye et Paul Desains sont arrivés aux résultats suivants :

Argent	0,96	Acier	0,84
Or	0,95	Platine	0,83
Cuivre	0,93	Zinc	0,91
Laiton	0,75	Fer	0,77

69. Utilisation de la chaleur solaire par les appareils de M. Mouchot. — On a appliqué la réflexion de la chaleur à l'utilisation de la chaleur solaire. De Saussure, Melloni et Tyndall avaient déjà attiré l'atten-

1. De Saussure (Horace-Bénédict), né à Genève en 1740, mort en 1799.

tion des physiciens sur ce point, lorsque M. Mouchot, et avec lui ensuite, M. Abel Pifre, ont repris l'étude de la question et ont construit des appareils qui permettent d'appliquer la chaleur solaire à de nombreuses opérations, la cuisson des aliments, la préparation du thé, du café, la distillation des alcools et des vins, et enfin la production de la vapeur pour la mise en mouvement des pompes et des différentes machines. Les appareils de MM. Mouchot et Pifre sont surtout destinés à rendre des services dans les pays chauds, où une atmosphère pure et sans nuages laisse constamment briller le soleil. mais leur usage ne paraît pas s'y être développé.

70. Diffusion de la chaleur. — Les substances non polies ne réfléchissent pas les rayons calorifiques dans une direction unique et déterminée; elles les rejettent dans toutes les directions; on dit alors qu'elles *diffusent* la chaleur.

71. Transmission de la chaleur rayonnante à travers les substances dites diathermanes. — De même que la lumière peut passer à travers certaines substances qui sont dites transparentes, de même la chaleur peut aussi traverser certaines substances dites *diathermanes*. Les physiciens ont déterminé pour un certain nombre de substances le rapport entre la quantité de chaleur transmise et la quantité de chaleur incidente. Ils ont trouvé que le sel gemme laisse passer les 0,92 de la chaleur qu'il reçoit, quelle que soit la nature de la source d'où partent les rayons; que, pour d'autres substances, la proportion de chaleur transmise variait avec la nature de la source et celle du corps diathermane.

Tandis qu'une lame de sel gemme laisse passer 0.92 de la chaleur qu'il reçoit d'une lampe, d'un fil de platine incandescent, d'un morceau de cuivre à 400° (température à laquelle il est encore obscur) ou d'un morceau de cuivre à 100°, le verre, en prenant les sources dans l'ordre que nous venons d'indiquer, ne laisse passer que 0,39, 0,24, 0,6 et 0, l'alun 0,9, 0,2, 0 et 0.

On voit que le verre et l'alun absorbent en grande partie les rayons de chaleur obscure émis par le cuivre à 400° et à 100°.

72. Cette absorption de la chaleur obscure par le verre a d'intéressantes applications. Lorsque la chaleur lumineuse du soleil traverse les vitres d'une serre, elle vient frapper les corps qui sont dans la serre et les échauffe. Ceux-ci rayonnent, mais rayonnent seulement des rayons de chaleur obscure qui ne peuvent plus traverser le verre pour sortir dans l'atmosphère et de cette accumulation successive de la chaleur obscure résulte l'élévation de température de la serre. Il en est de même des cloches ou des cloisons vitrées dont se servent les jardiniers pour recouvrir certaines plantes et activer leur végétation.

La vapeur d'eau intercepte en proportions considérables la chaleur obscure. Il en résulte que l'atmosphère qui nous enveloppe et qui contient toujours de la vapeur d'eau, absorbe une grande partie des rayons de chaleur obscure qui émanent du soleil. Elle nous protège donc contre l'intensité de ce rayonnement. D'autre part elle empêche le refroidissement du globe en retenant la chaleur obscure qu'il émet et en l'empêchant de se perdre dans les espaces planétaires.

73. **Absorption de la chaleur rayonnante.** — Lorsque la chaleur rayonnante tombe sur un corps, elle peut, indépendamment des phénomènes de réflexion, de diffusion et de diathermanéité, dont nous venons de parler, être en partie absorbée par le corps et déterminer une élévation de température.

Les corps n'ont pas tous au même degré la faculté

d'absorber la chaleur, et on nomme *pouvoir absorbant le rapport qui existe* entre la quantité de *chaleur absorbée* et la quantité de *chaleur incidente*. Il est évident, d'ailleurs, que plus le pouvoir réflecteur d'une substance est grand, plus son pouvoir absorbant est petit, puisque la réflexion rejette une partie de la chaleur incidente et l'empêche d'entrer dans l'intérieur de cette substance. C'est ainsi que les métaux ont un faible pouvoir absorbant, tandis que les substances mates, telles que le blanc de céruse, le papier, dont le pouvoir réflecteur est nul, absorbent toute la chaleur incidente qu'ils ne diffusent pas ; le noir de fumée absorbe à peu près intégralement toute espèce de chaleur incidente.

74. Lorsqu'on veut qu'un corps s'échauffe rapidement, il faut le recouvrir d'une substance dont le pouvoir absorbant soit considérable, de noir de fumée, par exemple ; si l'on veut, au contraire, qu'il ne s'échauffe pas, on le recouvrira d'un métal poli.

On peut faire l'expérience suivante qui est une application de ce que nous venons de dire. Sur une planche peinte, appliquons deux bandes de feuilles d'or ou de cuivre que nous mettrons en croix : puis exposons la surface de la planche au rayonnement d'un foyer ardent. La peinture va se boursouffler, le bois se carbonise excepté dans les parties recouvertes par les minces feuilles d'or, qui ont suffi pour empêcher l'absorption à laquelle est due la destruction de la surface environnante.

Les substances blanches absorbent moins la chaleur que les substances de couleur foncée ; c'est pour cela que dans les pays chauds il y a intérêt à porter des vêtements blancs qui absorbent moins la chaleur. Quand un chien blanc tacheté de noir est couché au soleil, si l'on vient à passer la main sur son pelage, on constate que les parties noires sont plus chaudes que les parties blanches. Si à l'aide de deux lentilles on concentre les rayons solaires sur deux morceaux de papier, l'un noir, l'autre blanc, le morceau noir s'enflammera plus tôt que le blanc, parce qu'il absorbe plus de chaleur.

75. Équilibre mobile de température. — Lorsque deux corps A et B de températures différentes sont en présence l'un de l'autre, ils rayonnent de la chaleur l'un vers l'autre jusqu'à ce qu'il y ait égalité de température. Le corps le plus chaud A se refroidit, non parce que l'autre B lui envoie du froid, mais parce qu'il reçoit de B moins de chaleur qu'il ne lui en envoie. On admet que lorsque A et B ont atteint la même température, ils continuent à rayonner l'un vers l'autre ; mais chacun recevant alors autant de chaleur qu'il en émet, la température reste fixe. Cet échange est désigné sous le nom d'*équilibre mobile de température*.

76. Ce qui précède nous explique pourquoi nous ressentons les variations de la température ambiante : lorsque la température de l'atmosphère et des objets placés au milieu d'elle est basse, notre corps rayonne vers eux plus de chaleur qu'il n'en reçoit, et il en résulte une sensation de froid. Lorsqu'au contraire cette température est élevée, nous recevons des corps plus de chaleur que nous n'en rayonnons, et nous éprouvons une sensation de chaud.

77. Réflexion apparente du froid. — Si dans l'expérience des miroirs concaves précédemment décrits (67), nous remplaçons les charbons ardents par de la glace et le morceau d'amadou par le réservoir d'un thermomètre, nous verrons le thermomètre baisser. Cette expérience semblerait prouver qu'il existe des rayons frigorifiques. Il n'en est rien cependant ; il s'est établi entre la glace et le thermomètre, par l'intermédiaire des miroirs, un échange de rayons calorifiques comme dans l'expérience de l'équilibre mobile de température. Mais le thermomètre ayant rayonné vers la glace plus de leur qu'il n'en a reçue s'est refroidi et sa température s'est abaissée.

En réalité le froid n'existe pas. Quand nous éprouvons une sensation de froid soit en touchant un corps, soit en entrant dans une atmosphère, c'est que nous leur cédons plus de chaleur qu'ils ne nous en donnent.

CHAPITRE VI

Principales sources de chaleur.

78. On peut diviser les diverses sources de chaleur
en cinq classes : 1° les sources *permanentes*, comme le
soleil et le globe terrestre, qui possède une chaleur
propre passant lentement des couches intérieures aux
couches superficielles ; 2° les sources *mécaniques* ; 3° les
sources *chimiques* ; 4° les sources *électriques*, que nous
étudierons plus tard ; 5° les sources *physiologiques*.

79. **Chaleur solaire.** — Le soleil est la source la
plus abondante de chaleur. Cet astre constitue pour la
terre un réservoir, d'où lui vient la chaleur nécessaire
à la production d'un grand nombre de phénomènes, qui
se produisent et se renouvellent constamment à la surface de notre globe ; la végétation des plantes se fait
sous l'influence de la chaleur et de la lumière solaire ;
c'est au soleil qu'est empruntée la chaleur nécessaire à
la formation de la vapeur d'eau qui, s'élevant de nos
mers, de nos fleuves et de nos lacs, forme des nuages,
dont la condensation produit les pluies destinées à
arroser le sol et à le féconder. Le soleil est un globe
lumineux dont le diamètre est égal à 1 377 450 kilomètres, c'est-à-dire 108 fois celui de la terre. Son volume
est 1 259 712 fois celui du globe terrestre.

D'après M. Faye, le soleil est une masse gazeuse,
au moins dans ses parties extérieures, les parties centrales pouvant être maintenues à l'état liquide par la

pression considérable qu'exercent sur elles les couches extérieures.

Nous verrons dans le cours même de ce chapitre que les actions chimiques produisent en général de la chaleur : or si la température élevée des couches centrales du soleil ne permet pas d'admettre qu'il s'y produise de phénomènes chimiques, il n'en est pas de même dans les couches extérieures, où la température est moins haute par suite de la perte de chaleur que subissent ces couches en rayonnant dans l'espace. Là une foule d'actions chimiques peuvent avoir lieu et ces actions sont une des causes d'entretien de la chaleur solaire. À cette cause s'ajoute celle qui provient de ce que le soleil attire vers lui une quantité innombrable de corps qui gravitent autour de lui et dégagent de la chaleur au moment où ils viennent le choquer.

Quoique la science ne soit pas absolument fixée sur l'entretien de la chaleur solaire, on peut admettre, d'après les travaux de M. Violle, que la température moyenne du soleil est de 2500° environ.

80. Chaleur du globe terrestre. — Le globe terrestre possède une chaleur propre, et l'on constate, quand on descend dans les mines, que la température va en augmentant, à mesure qu'on arrive à des profondeurs plus considérables. L'accroissement est environ de 1° par 30 mètres.

La terre a été primitivement formée par un amas de vapeurs qui se sont peu à peu liquéfiées par le refroidissement : le globe liquide se refroidissant lui-même a donné lieu à la formation d'une croûte solide qu'on appelle la *croûte terrestre*. On admet aujourd'hui que cette croûte a une épaisseur de 40 kilomètres environ, c'est-à-dire que cette épaisseur est environ le $\frac{1}{150}$ du rayon de la terre. Le noyau liquide a conservé une température très élevée, qui explique que le thermomètre monte à mesure qu'on descend dans une mine. Ce sont les mouvements et les fluctuations de ce noyau liquide intérieur qui donnent lieu aux tremblements de terre, qui crèvent en certains points la croûte terrestre et produisent les éruptions volcaniques.

C'est aussi à cette chaleur intérieure du globe que l'on doit attribuer la température des sources thermales.

81. Chaleur produite par les actions mécaniques. — Toute action mécanique produit de la chaleur : le frottement, la déformation des corps par le choc, la compression, sont autant de sources de chaleur.

Frottement. — Tous les corps, quelque polis qu'ils soient, présentent des aspérités que l'on aperçoit très bien lorsqu'on les examine à la loupe ou au microscope. Quand on appuie deux corps solides l'un sur l'autre, les aspérités de l'un s'engagent dans les intervalles laissés entre les aspérités de l'autre. Si l'on vient à faire glisser l'une sur l'autre les deux surfaces en contact, on éprouve une résistance plus ou moins grande qui est due à ce que l'on est obligé de déformer ces aspérités. Cette résistance est ce qu'on appelle le *frottement*.

De tout temps on a utilisé le frottement comme source de chaleur. Les sauvages allument du feu en frottant énergiquement deux morceaux de bois l'un contre l'autre. Le tourneur en bois, quand il veut noircir les filets saillants que son outil a produits sur certains objets et qui imitent les nœuds du bambou, fait tourner rapidement ces bâtons sur le tour et appuie énergiquement en certains points à l'aide d'un outil en bois. Les parties en contact s'échauffent par le frottement, le bois fume, se carbonise et noircit.

La scie, qui sert à refendre le bois, s'échauffe par le frottement ainsi que la pièce sciée.

Les arbres tournants des machines, les essieux des voitures et des wagons s'échauffent quand on néglige de les graisser et de diminuer le frottement par l'interposition d'un corps gras entre les surfaces frottantes.

Quand nous voulons enflammer une allumette phosphorique, nous frottons son extrémité sur une surface rugueuse : elle s'échauffe, le phosphore fond, s'enflamme et communique l'inflammation à l'allumette.

Une expérience de M. Tyndall met bien en évidence

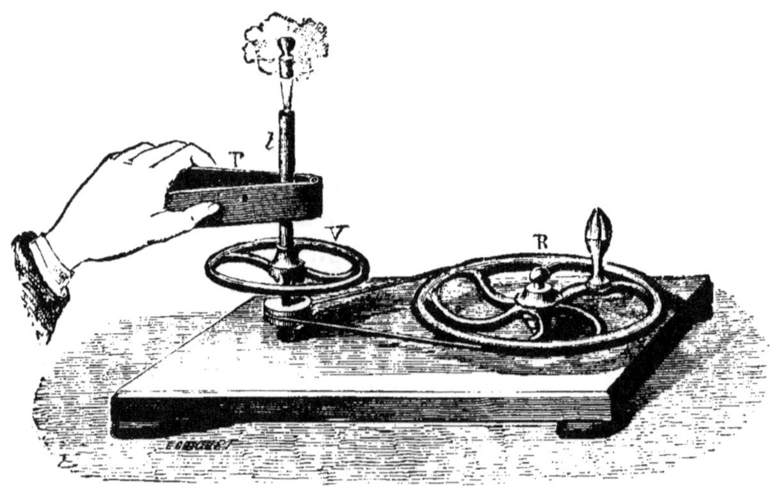

Fig. 27. — Expérience de M. Tyndall.

la chaleur dégagée par le frottement. Un tube *t* (fig. 27) contenant de l'eau est fermé par un bouchon; il est porté par un axe vertical et peut être mis en mouvement rapide de rotation par une roue R et une corde sans fin. Pendant la rotation, serrons fortement ce tube avec une pince en bois. Le frottement de la pince sur le tube développera de la chaleur, l'eau s'échauffera, se vaporisera et, au bout d'un certain temps, le bouchon sautera poussé par la pression de la vapeur.

Déformation des corps. — *Choc.* — *Percussion.* — Quand on déforme un corps par une action mécanique, il y a toujours production de chaleur.

Serrons un fil de caoutchouc par une de ses extrémités, en le tenant entre les dents, par exemple, et étirons-le brusquement, nous constaterons qu'il s'échauffe.

Lorsqu'on lance une balle de plomb avec une arme à feu contre une cible métallique, au moment du choc, la balle se déforme, s'aplatit et s'échauffe. Pour essayer les plaques de fer qui servent à blinder les navires, on lance quelquefois contre elles avec un canon des boulets en fer : au moment du choc, il se produit une quantité de chaleur qui peut rendre le boulet incandescent.

Le choc du briquet d'acier contre le silex détache des étincelles de métal incandescentes qui enflamment l'amadou sur lequel on les reçoit.

Le fer du cheval, qui *fait feu* sur le pavé, donne lieu à un phénomène du même ordre.

La compression d'un corps dégage de la chaleur.

L'expérience du briquet à air va nous le prouver.

Soit (fig. 28) un tube en verre très épais mastiqué dans une douille en cuivre qui le ferme à sa partie inférieure. Introduisons dans ce cylindre, par l'extrémité supérieure, un piston qui s'adapte

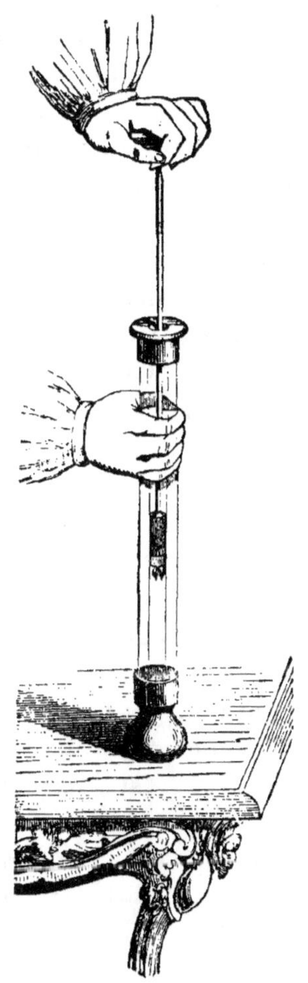

Fig. 28. — Briquet à air.

parfaitement à l'ouverture. Nous enfermons ainsi un volume d'air égal au volume intérieur du tube. En appuyant sur la tige du piston, nous parviendrons à le faire descendre jusqu'à ce qu'il aille toucher la base inférieure du tube, le volume de l'air se trouvant presque réduit à zéro. Si l'expérience a été faite brusquement, la chaleur dégagée par cette compression suffira pour enflammer un morceau d'amadou placé à la partie inférieure du piston, et c'est de là que l'appareil tire son nom de *briquet à air*.

82. Chaleur produite par l'absorption des gaz. — Certaines substances, comme la mousse de platine, absorbent les gaz et, en les conduisant à leur intérieur, produisent une élévation de température, qui peut les porter à l'incandescence.

83. Chaleur produite par les actions chimiques. — Quand deux corps s'unissent intérieurement pour former un nouveau corps, quand ils se *combinent*, comme on dit en chimie, il y a le plus souvent, dégagement de chaleur.

Si l'on projette de l'antimoine ou de l'arsenic en poudre dans un flacon rempli de chlore, il y a combinaison immédiate du chlore avec l'antimoine ou avec l'arsenic, et le dégagement de chaleur est tel que la poudre en tombant dans le flacon devient incandescente.

Si l'on met en présence l'un de l'autre 2 volumes d'hydrogène et 1 volume d'oxygène, il n'y a pas combinaison; mais, si l'on porte à l'incandescence un point de la masse gazeuse, soit avec une flamme, soit avec l'étincelle électrique, les deux gaz se combinent dans toute la masse avec explosion et dégagement de chaleur. L'étincelle électrique, ou la flamme, a été la cause déterminante de la réaction : l'hydrogène et l'oxygène en se combinant, aux points enflammés, ont dégagé une quantité de chaleur suffisante pour déterminer la combinaison des parties voisines et la réaction s'est ainsi propagée de proche en proche avec une rapidité telle qu'elle peut paraître instantanée.

84. Chaleur produite par l'électricité. — Dans ces derniers temps, l'électricité a été employée comme source puissante de chaleur. Ce point sera étudié, quand nous nous occuperons des phénomènes électriques.

85. Sources physiologiques : chaleur animale. — Les animaux pendant leur vie dégagent continuellement de la chaleur. Chez les animaux à *sang chaud*, comme les mammifères et les oiseaux, la chaleur dégagée compense les pertes extérieures de calorique dues au rayonnement et leur température reste invariable ; elle est de 37° pour l'homme. Chez les autres, dits à *sang froid*, il peut n'y avoir pas compensation et leur température varie avec celle des milieux où ils vivent.

La chaleur dite *animale* a pour cause les nombreuses réactions chimiques produites dans le corps de ces animaux et est due en particulier aux phénomènes chimiques de la respiration.

Des travaux importants ont été faits par les physiciens et par les physiologistes pour mesurer la chaleur animale. Ils font vivre un lapin, par exemple, dans une cloche entourée d'eau. On envoie au lapin la quantité d'air qui lui est nécessaire ; la chaleur, que dégage l'animal, échauffe l'eau et, de l'observation de thermomètres dont les uns plongent dans l'eau, dont les autres donnent la température des gaz expirés, on peut déduire la quantité de chaleur dégagée par l'animal en un temps donné.

Les phénomènes chimiques, qui accompagnent la vie des végétaux, produisent aussi un dégagement de chaleur. Chez certaines plantes, la température de certaines parties peut s'élever à 30° au-dessus de celle de l'air ambiant.

OPTIQUE

CHAPITRE PREMIER

Corps lumineux, transparents, opaques.
La lumière se propage en ligne droite. — Rayon
lumineux. — Ombre et pénombre.

86. L'optique est la partie de la physique qui s'occupe de l'étude des phénomènes lumineux.

Parmi les corps de la nature, les uns sont lumineux par eux-mêmes (soleil, étoiles, flamme de bougie, etc.); les autres ne le sont pas, mais deviennent visibles pour nous en nous renvoyant la lumière qu'ils reçoivent des premiers.

Quand nous sommes dans un espace fermé de toutes parts, une cave par exemple, les objets qui s'y trouvent ne sont pas visibles pour nous : ils le deviennent dès que nous allumons une bougie, parce qu'ils nous renvoient la lumière qu'ils ont reçue de la bougie.

La lune n'est pas par elle-même un corps lumineux : elle n'est visible pour nous que parce qu'elle nous renvoie la lumière qu'elle reçoit du soleil.

Les corps non lumineux par eux-mêmes se subdivisent en quatre groupes : 1° les corps *opaques*, qui sont imperméables à la lumière ; 2° les corps *diaphanes* ou *transparents incolores*, qui se laissent traverser par la lumière et au travers desquels on distingue nettement la couleur, les détails des objets (air, verre poli); 3° les corps *transparents colorés*, qui donnent une teinte particulière à la lumière qui les traverse (verres colorés, dissolutions colorées); 4° enfin les corps *translucides*, qui, n'ayant qu'une demi-transparence, laissent passer la lumière à travers eux, mais ne permettent pas de distinguer les détails (papier huilé, verre dépoli).

87. **La lumière se propage en ligne droite dans un milieu homogène.** — Un rayon de soleil,

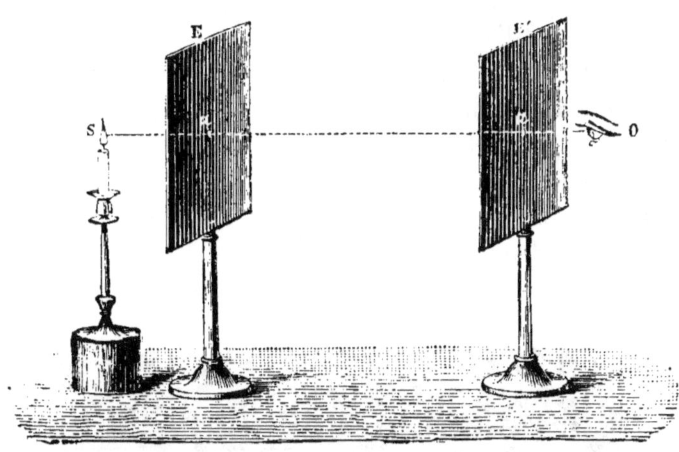

Fig. 29. — La lumière se propage en ligne droite.

qui entre dans une chambre obscure par un trou pratiqué dans un de ses volets, y trace une traînée lumineuse qui est rectiligne. Cette expérience nous prouve que la lumière se propage en ligne droite et nous percevons la direction rectiligne, parce que la lumière éclaire sur son passage les poussières qui sont en suspension dans l'air.

On peut aussi démontrer la propagation rectiligne de la lumière, en disposant une source lumineuse vis-à-vis d'un écran E (fig. 29) percé d'un petit trou *a* et placé de telle manière que S*a* soit perpendiculaire au

plan de l'écran. Puis on place un second écran E percé
d'un trou a', et de telle sorte que les points S, a, a'
soient en ligne droite; si l'on applique l'œil en O derrière le trou a, on voit la source lumineuse, ce qui
prouve que la lumière a suivi la ligne droite Saa'; mais
si l'on dérange l'un des écrans de manière que les trois
points ne soient plus en ligne droite, l'œil n'aperçoit
plus la source lumineuse, ce qui prouve que la lumière
ne suit pas dans sa propagation la ligne brisée ainsi
formée. Le milieu homogène, dans lequel se propage ici
la lumière, est l'air.

La ligne droite suivie par la lumière est appelée *rayon
lumineux*. La lumière se propage dans l'air avec une
vitesse de 300 000 kilomètres par seconde.

Le mode de propagation de la lumière va nous permettre d'expliquer le phénomène des ombres et celui de
la chambre obscure.

88. Ombre. — Quand un corps opaque est placé sur

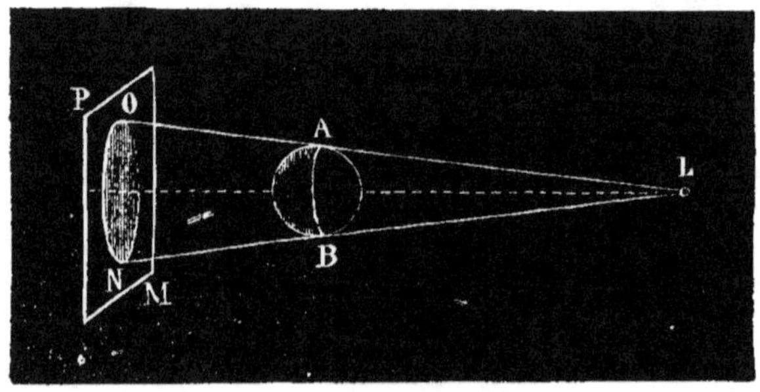

Fig. 30. — Ombre.

le trajet de rayons lumineux, il les arrête dans leur marche, et derrière lui se produit une ombre, c'est-à-dire
que les corps qui le suivent et qui sans lui recevraient
les rayons de la source lumineuse, en sont privés et
restent dans l'obscurité. Suivant que la source lumineuse

se réduit à un point ou possède des dimensions finies,
les phénomènes sont différents.

Supposons d'abord le premier cas. Le point lumineux L
(fig. 30) envoie des rayons dans tous les sens ; si l'on
vient à placer une sphère opaque AB entre lui et l'écran
PM, ce dernier, qui auparavant était complètement éclairé,
reste obscur dans la partie ON, qui est dite l'*ombre portée*
par la sphère. On voit que, si l'on suppose le corps AB

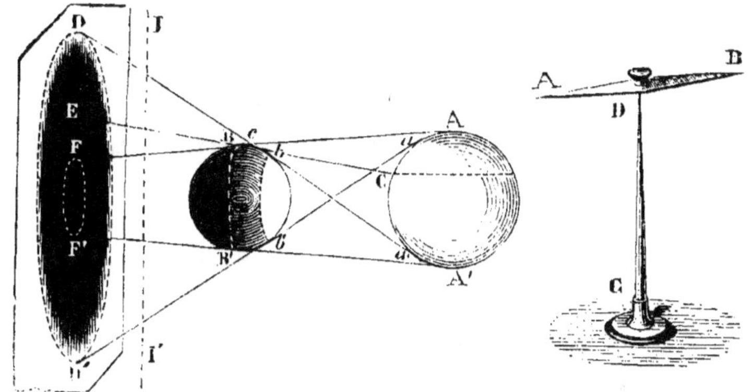

Fig. 31. — Ombre et pénombre.

enveloppé par les rayons lumineux, on obtiendra un cône
dont le sommet sera en L, qui sera lumineux dans toute
la partie située à droite de AB, obscur dans la partie
située à gauche.

La région de l'espace située dans la partie gauche du
cône étant dans l'*ombre*, tous les points qui sont dans
cette région seront privés de la lumière émise par le
point L. L'intersection de ce cône avec l'écran PM détermine les limites de l'ombre portée par le corps AB sur
l'écran. Ces limites sont parfaitement définies ; il y a obscurité complète dans la partie ON de l'écran, éclairement
partout ailleurs. On voit aussi que toute la partie gauche
de la sphère sera privée de lumière et toute la partie
droite éclairée.

89. Pénombre. — Nous avons supposé la source lumineuse réduite à un point mathématique. Supposons maintenant qu'elle ait des dimensions qui ne soient pas négligeables. Alors le phénomène change, et, au lieu d'avoir sur l'écran deux régions seulement, l'une éclairée, l'autre privée de lumière, on en a trois : la partie extérieure qui est éclairée, une partie centrale FF' (fig. 31) qui est totalement privée de lumière, c'est l'*ombre*; entre ces deux régions une partie intermédiaire FDF'D', qui est moins éclairée que la partie extérieure et plus éclairée que la partie centrale : cette région moyenne s'appelle la *pénombre*; elle présente une teinte *grise*.

90. Éclipses de lune et de soleil. — L'explica-

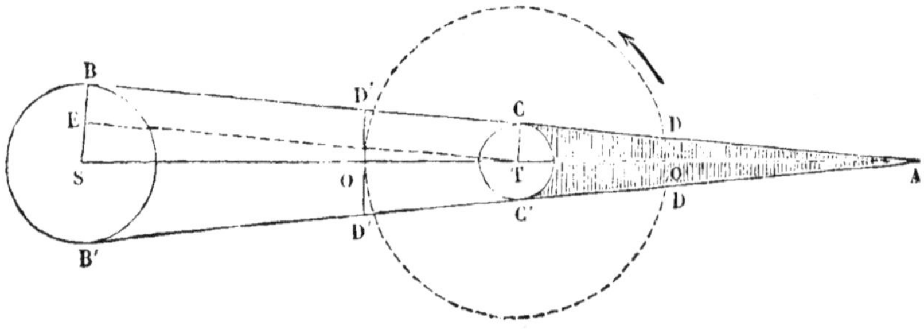

Fig. 32. — Éclipse de lune.

tion des éclipses de lune et de soleil repose sur le phénomène que nous venons d'étudier.

Il faut d'abord savoir : 1° que la terre tourne autour du soleil et qu'elle met un an à effectuer sa révolution autour de lui; 2° que la lune tourne autour de la terre et qu'elle effectue sa révolution en 29 jours environ.

Supposons que le soleil soit représenté (fig. 32) par un cercle de centre S et la terre par un cercle de centre T. La lune décrit autour de la terre un cercle dans le sens représenté par la flèche. La terre, comme on le voit sur la figure, projette derrière elle par rapport au soleil un cône d'ombre dont le sommet est en **A**. Quand la lune pénètre dans ce cône, elle ne reçoit plus les rayons du soleil et cesse d'être lumineuse : il y a *éclipse de lune*, il y a éclipse *totale* ou *partielle* suivant que la lune entre *totalement* ou *partiellement* dans le cône d'ombre.

Lorsque la lune **L** (fig. 33) vient se placer entre le soleil **S** et la terre **T**, elle projette derrière elle un cône

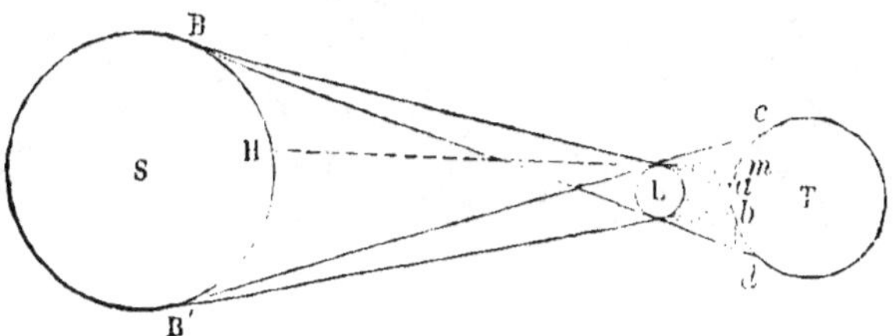

Fig. 33. — Éclipse de soleil.

d'ombre. Si ce cône rencontre la terre comme en *ab*, il y a éclipse de soleil pour tous les points de la terre situés en *ab*. L'éclipe est *totale* pour tous ces points.

Mais si nous considérons les points situés comme *m* sur les parties rencontrées par le cône de pénombre qui est le cône circonscrit intérieurement au soleil et à la lune, et qui rencontre la terre suivant *cd*, il y a pour ces points éclipse *partielle*. *m* ne verra pas la partie B'H dont aucun rayon ne pourra arriver à lui, mais il verra la partie BH.

91. Images dans la chambre obscure. — Le principe de la propagation rectiligne de la lumière conduit à l'explication des phénomènes observés dans une chambre obscure, où la lumière pénètre par une ouverture étroite. Si l'on reçoit sur un écran blanc les rayons venant d'une source de lumière, ou renvoyés par les objets qu'elle éclaire au dehors, on voit se peindre sur cet écran l'image de cette source ou de ces objets, image bien définie quand l'ouverture du volet est petite, devenant plus vague et disparaissant même quand les dimensions de cette ouverture augmentent. Ces images sont du reste renversées par rapport aux objets éclairés et conservent les couleurs des points représentés.

La figure 34 nous permet d'expliquer ces phénomènes.

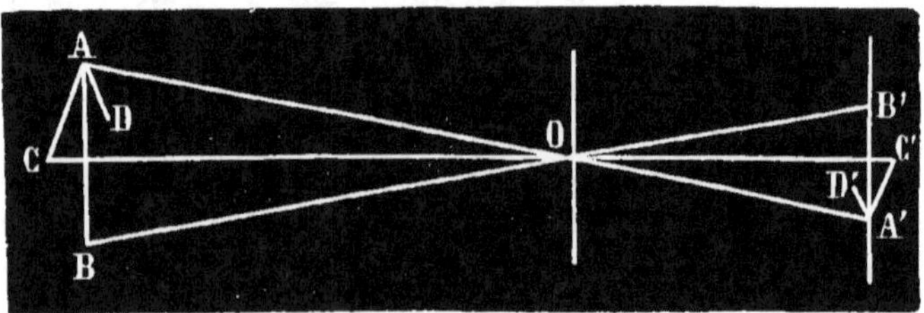

Fig. 34. — Chambre noire.

Soient AB la source lumineuse, AC, AD des objets éclairés par elle, O l'ouverture du volet. Les rayons, qui partent des différents points A, B, C, D, viennent faire

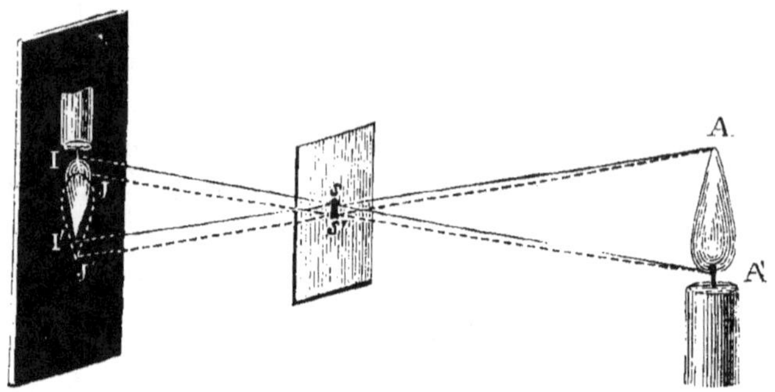

Fig. 35. — Chambre noire.

dans la chambre obscure sur un écran de petites taches lumineuses A' B', C', D', qui conservent la teinte des objets correspondants et la forme de l'ouverture. Si celle-ci est petite, toutes ces taches se réduisent à des points lumineux dont l'ensemble reproduit l'image des objets, et, comme on le voit, le point A, qui est au-dessus de la ligne horizontale CC', donne son image en A' au-dessous de cette ligne. Si l'ouverture devient plus grande, les taches lumineuses acquièrent des dimensions finies, empiètent l'une sur l'autre et la netteté disparaît.

La figure 35 montre ce qui se passe sur le fond d'une boîte obscure, dans la paroi de laquelle on a pratiqué une petite ouverture SS' : la bougie AA' placée en avant de cette ouverture donne son image renversée.

92. Images du soleil. — Le soleil peut donner son image dans la chambre obscure. Si l'écran est perpendiculaire à la direction des rayons lumineux, l'image sera ronde; elliptique, quand il sera incliné sur eux.

On se rend compte de la même manière des images fournies par le soleil, quand sa lumière passe à travers les intervalles que laissent entre elles les feuilles des arbres.

Pendant les éclipses de soleil, quand la partie visible de cet astre a la forme d'un croissant, par exemple, les images que donnent sur le sol les rayons lumineux, qui traversent les interstices des feuilles, ont aussi la forme d'un croissant.

93. Intensité de la lumière. — On dit que deux sources lumineuses ont la même intensité, lorsque ces sources, supposées d'égales dimensions et placées dans les mêmes conditions de distance et d'inclinaison, par rapport à deux surfaces de même nature, éclairent ces deux surfaces de manière que chacune d'elles produise sur l'œil la même sensation. Si la sensation produite par les deux surfaces n'est pas la même, on dit que les deux sources A et B n'ont pas la même intensité lumineuse. On admet de plus que, lorsque deux, trois ou quatre sources identiques éclairent une surface, l'éclairement produit, ou la quantité de lumière reçue par cette surface est deux, trois, quatre fois plus grande que s'il n'y avait qu'une source.

La quantité de lumière reçue par une surface de grandeur déterminée, l'unité de surface par exemple, varie avec la distance de la source lumineuse à la surface. Notre expérience de chaque jour nous montre la vérité de cette assertion. Quand le soir nous voulons lire, nous nous approchons d'une lampe, parce que la surface de notre livre est plus éclairée à petite distance qu'à grande distance. Les quantités de lumière reçues par une surface donnée, à des distances de deux et trois mètres de la source, sont quatre fois et neuf fois plus petites que la quantité de lumière que recevrait cette surface à la distance d'un mètre. On exprime cela d'une manière générale, en disant que *la quantité de lumière reçue par une surface est en raison inverse du carré de la distance de la source à la surface.*

On peut établir cette loi par l'expérience.

On prend une caisse ABCD (fig. 36) noircie en dedans et partagée en deux par une cloison opaque FE; sur la face CD est une fenêtre *ab* bouchée avec un verre

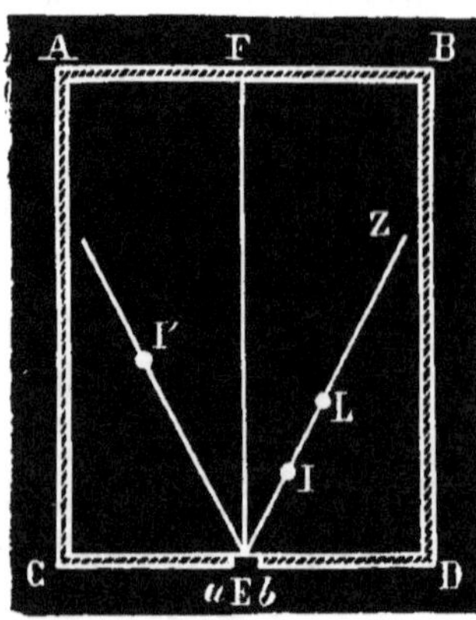

Fig. 36. — Loi du décroissement de l'intensité de la lumière.

dépoli ou avec une feuille de papier huilé. Cette fenêtre est divisée en deux parties par la cloison FE qui vient la toucher. On voit donc que, si l'on place une source lumineuse dans chaque compartiment, chacune des moitiés de la fenêtre sera éclairée par une source et ne recevra pas de lumière de la part de l'autre. En EZ, EI' sont deux règles divisées, également inclinées sur FE. Cela posé, si l'on place en I une bougie, cette bougie produira un certain éclairement sur la moitié E*b*; si l'on place une bougie identique en I', point situé à une distance de E double de IE, on constate que Ea n'est pas aussi éclairé que Eb, ce qui prouve que l'intensité décroît quand la distance croît. De plus, on voit que, pour produire un éclairement égal sur Ea et sur Eb, il faut mettre en I' quatre bougies identiques à celles qui sont en I. Donc l'intensité lumineuse produite par chacune des quatre bougies placées en I' est quatre fois plus petite que l'intensité produite par la bougie identique placée en I.

La mesure des intensités lumineuses de deux sources se fait à l'aide d'appareils que nous ne décrirons pas et qui sont appelés *photomètres*. Elle repose sur le principe que nous venons de développer.

94. Unité d'intensité lumineuse. — En 1861, Dumas [1] et Regnault [2] avaient fait adopter comme unité de lumière l'intensité d'une lampe Carcel brûlant à l'heure 42 grammes d'huile de colza épurée. En Angleterre et en Allemagne, l'unité de lumière consistait en bougies de dimensions et de compositions déterminées.

En 1881, le congrès international des électriciens, sur la proposition de M. Violle, a adopté pour unité l'intensité lumineuse dans une direction normale d'un centimètre carré de platine à sa température de fusion. La lampe Carcel réglementaire est les 0, 481 de l'unité Violle.

---

1. Dumas (Jean-Baptiste), professeur de chimie à la Faculté des sciences de Paris, membre de l'Institut, né à Alais en 1800, mort à Paris en 1884.

2. Regnault (Henri-Victor), ingénieur des mines, professeur de physique au Collège de France, membre de l'Institut, né à Aix-la-Chapelle en 1810, mort à Paris en 1878.

CHAPITRE II

Réflexion de la lumière. — Miroirs plans.
Leurs propriétés déduites de l'expérience.

95. Réflexion de la lumière. — Quand on reçoit
sur un miroir plan, une glace, par exemple, un faisceau
de rayons solaires ou émanés d'une lampe, on constate
que le faisceau change de direction et qu'il est renvoyé
dans une direction qui varie avec l'inclinaison du miroir
sur le faisceau. Ce phénomène constitue le phénomène
de la *réflexion* de la lumière, qui est soumis à deux lois
que nous allons étudier, après avoir donné quelques
définitions nécessaires.

96. Lorsqu'un rayon lumineux EC, dit *rayon incident*
(fig. 37), tombe sur une surface polie AB, il est renvoyé

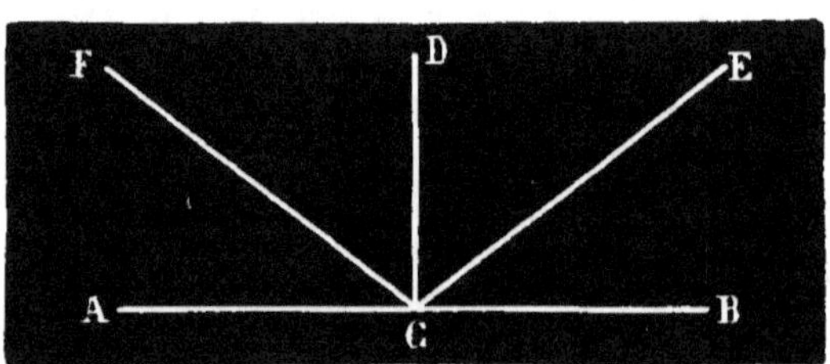

Fig. 37. — Réflexion de la lumière.

par elle dans une direction CF. Ce rayon CF est appelé
rayon réfléchi.

On appelle *normale*, au point d'incidence, la perpendiculaire CD, élevée sur la surface polie au point C, où
le rayon lumineux vient la frapper. L'*angle d'incidence*

est l'angle ECD formé par le rayon incident et la normale; *l'angle de réflexion* est l'angle DCF formé avec la normale par le rayon réfléchi.

97. **Lois de la réflexion de la lumière.** — Le phénomène de la réflexion de la lumière est soumis aux deux lois suivantes :

1° *Le rayon réfléchi reste dans le plan de l'angle d'incidence.*

2° *L'angle d'incidence est égal à l'angle de réflexion.*

Ces lois peuvent se démontrer à l'aide de l'appareil de Silbermann.

Un cercle divisé CBL (fig. 38) est fixé à la colonne NN', que porte un trépied P muni de vis calantes qui permettent de mettre l'appareil bien vertical. E et D sont des alidades ou règles, mobiles autour du centre du cercle et portant deux petits écrans B et C percés d'une ouverture centrale et appelés *diaphragmes*. Ces ouvertures centrales ont leur centre à égale distance du plan du limbe.

Ils sont perpendiculaires aux alidades et les centres des trous sont à égale distance du cercle divisé. En M, est un miroir plan, que l'on fixe de manière que sa surface soit exactement horizontale. Pour démontrer à l'aide de cet appareil les lois qui nous occupent, après avoir rendu bien verticaux le plan du cercle et le diamètre perpendiculaire au miroir, qui est la ligne

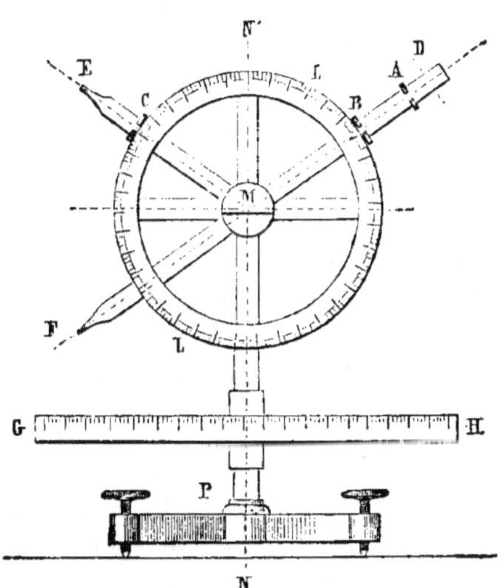

Fig. 38. — Appareil de Silbermann.

0°-180° de la graduation, on dirige un rayon lumineux parallèlement au plan du cercle, de manière qu'il passe à travers le trou du diaphragme A. Ce rayon vient tomber au milieu du miroir M et se réfléchit. On fait alors varier la position de l'alidade E, et on trouve toujours pour elle une position telle que le rayon réfléchi vienne passer à travers le trou du diaphragme C. Ce premier fait nous démontre la première loi de la réflexion, puisque le rayon lumineux, après avoir frappé le miroir, s'est réfléchi de telle sorte qu'il vienne passer par le trou du diaphragme C, situé, comme nous l'avons dit, à une distance du cercle égale à celle qui sépare de ce cercle le centre du diaphragme B. De plus, on remarque que l'alidade mobile a pris une position telle, que les angles compris entre les alidades et le diamètre 0°-180° soient égaux entre eux. Si, par exemple, l'alidade D a été placée à 45°, l'alidade E, lorsque le rayon réfléchi passe à travers le diaphragme C, se trouve à 45° de l'autre côté.

98. Diffusion ou réflexion irrégulière. — Les corps non polis, tels que les murs blancs, le papier, ont aussi la propriété de renvoyer les rayons lumineux qui tombent sur leur surface; mais, au lieu de les renvoyer dans une direction unique, ils les renvoient dans tous les sens.

Ce phénomène n'est autre en réalité que celui de la réflexion : seulement les corps non polis présentant des aspérités orientées dans toutes les directions, ces aspérités renvoient de la lumière dans toutes les directions, les lois de la réflexion restant vraies pour chaque rayon.

C'est grâce à la diffusion des rayons lumineux produits à la surface des corps que nous pouvons voir ces corps. Supposons-nous au milieu d'une chambre parfaitement obscure, les objets qu'elle renferme ne sont pas vus par nous ; allumons une lampe, et les rayons lumineux qu'elle émet, allant frapper les corps situés dans la chambre, sont diffusés par eux dans tous les sens et renvoyés à notre œil, qui peut alors voir des objets tout à l'heure invisibles pour lui.

99. Miroirs plans. — On appelle *miroir* un corps dont la surface parfaitement polie peut réfléchir les rayons lumineux. Suivant que leur surface est plane ou

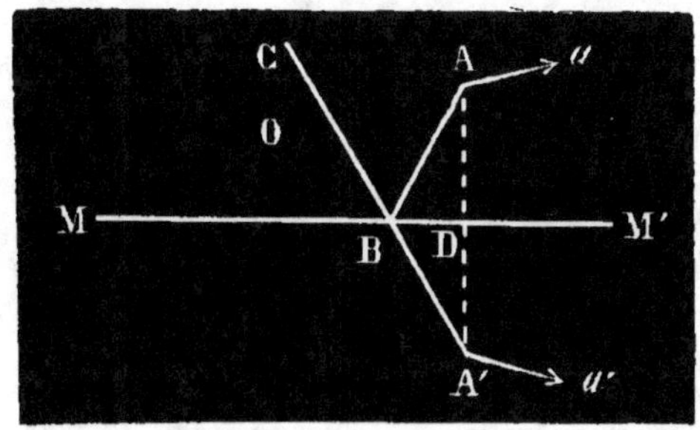

Fig. 39. — Miroirs plans.

courbe, les miroirs sont dits eux-mêmes plans ou courbes ; les effets produits sont du reste différents dans ces deux cas. Les glaces, qui ornent nos appartements, sont des miroirs plans.

100. Un miroir plan nous fait voir les objets dans une position symétrique de celle qu'ils occupent par rapport à sa surface. Ainsi, si nous présentons devant un miroir MM' (fig. 39) un objet A*a*, en l'inclinant par rapport à ce miroir, l'image A'*a'*, que nous apercevons derrière le miroir, est aussi inclinée et située de telle sorte que A', image de A, soit à une distance A'D, derrière le miroir, égale à la distance AD du point A à ce miroir. Il en est de même des images de tous les points du corps A*a*.

Ce fait expérimental résulte de ce que tous les rayons lumineux émis par un point L (fig. 40) se réfléchissent de manière que les prolongements des rayons réfléchis aillent tous se couper derrière le miroir en un point L′, symétrique de L, c'est-à-dire situé derrière le miroir sur la perpendiculaire LR, à une distance L, R égale à LR. Nous admettrons ce principe, qui est une con-

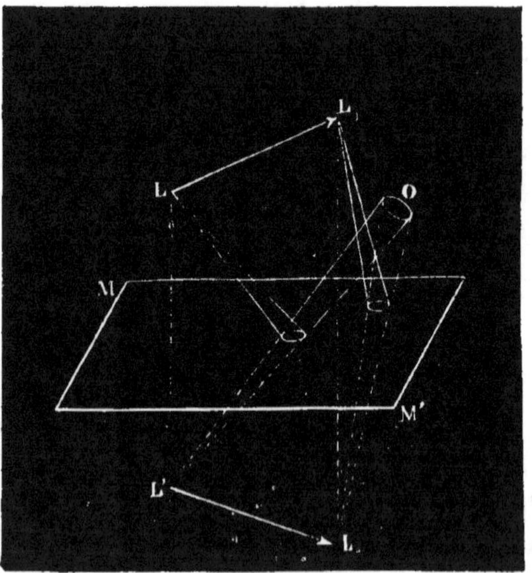

Fig. 40. — Miroirs plans.

séquence des lois de la réflexion de la lumière, mais qu'on peut démontrer par l'expérience.

Plaçons dans une chambre obscure en présence d'un miroir une source lumineuse très petite. Elle va envoyer sur le miroir un faisceau lumineux conique dont elle sera le sommet et on pourra rendre ce faisceau visible en frappant auprès de lui l'éponge qui sert à essuyer le tableau noir de la classe. Les grains pulvérulents de craie projetés sur le trajet des rayons lumineux s'illumineront et les rendront visibles. Ce faisceau après réflexion donnera un faisceau divergent dont le sommet intangible sera derrière le miroir.

L'œil placé dans ce faisceau réfléchi, recevra des rayons dont les prolongements vont tous se couper en un même point. Or c'est une propriété de l'œil de percevoir la *même impression* lorsqu'il reçoit des rayons *émanés* d'un point ou ayant des *directions* dont les *prolongements* vont se couper en ce point. L'observateur supposera donc qu'au point L' se trouve un point lumineux, et c'est de là que résulte pour lui la sensation d'une image symétrique de la source L.

La figure 40 montre la marche des rayons émanés des deux points L, L_1, et donnant pour l'œil O des images virtuelles en L', L_1'.

Nous remarquerons que l'image donnée par un miroir plan ne constitue pas un véritable objet lumineux; elle n'existe que pour l'œil placé sur le trajet des rayons réfléchis; elle est dite *virtuelle*, par opposition avec les images *réelles* fournies par d'autres circonstances, et que l'on peut recevoir sur un écran, toucher de la main; ces images sont alors de vrais corps lumineux.

Quand nous sommes sur les bords d'un étang ou d'une rivière, nous voyons dans l'eau les images renversées des objets extérieurs, arbres, maisons, etc. Cela tient à ce que la surface de l'eau réfléchit les rayons émis par ces objets et joue le rôle d'un miroir plan.

101. Formation des spectres au théâtre. — On a fait une application assez ingénieuse des lois de la réflexion et des propriétés des miroirs plans pour faire apparaître sur la scène d'un théâtre des spectres immatériels, dont les mouvements et les gestes produisent sur la foule un saisissant effet.

Une grande glace sans tain *m* (fig. 41), d'une transparence parfaite et inclinée à 45°, est disposée sur la scène entre les spectateurs et les acteurs. En avant de cette glace une déchirure du sol de la scène permet aux objets situés au-dessous d'elle et que l'on éclaire fortement à la lumière électrique, d'envoyer sur la glace des rayons lumineux qui, réfléchis par elle, iront frapper l'œil du spectateur et produiront pour lui une image située derrière la glace à une distance symétrique. On comprend, d'après ce qui précède, qu'un acteur enveloppé, par exemple, d'un linceul et se promenant sous

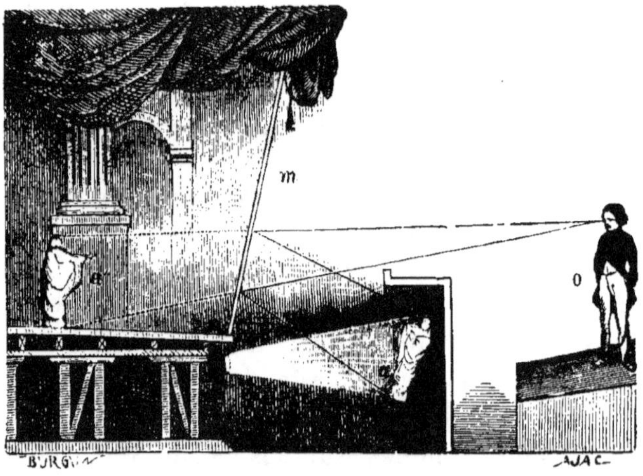

Fig. 41. — Spectres au théâtre.

la scène, apparaîtra comme un fantôme se promenant lui-même au milieu des acteurs, mêlant ses gestes aux leurs et pouvant être impunément frappé ou saisi par eux.

Pour que l'expérience réussisse bien, il faut que la glace soit très transparente, afin que les spectateurs ne se doutent pas de sa présence : de plus, comme une telle glace ne réfléchit que peu de lumière, il faut que les objets situés sous la scène soient eux-mêmes fortement éclairés à la lumière électrique. Nous ajouterons que les miroirs plans donnant des images symétriques, il faut de la part de l'acteur qui fait le fantôme une certaine habitude pour exécuter de la main gauche tous les gestes qui, sur la scène, doivent paraître exécutés de la main droite.

102. Miroirs parallèles. — Lorsque dans un appartement se trouvent deux miroirs situés en face l'un de

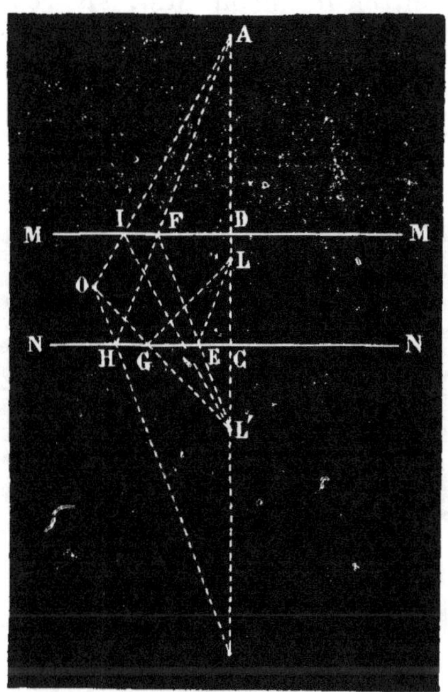

Fig. 42. — Miroirs plans parallèles.

l'autre et parallèles, les objets situés entre ces miroirs donnent chacun une série d'images d'intensités décroissantes et situées dans la même direction. On peut faire l'expérience en plaçant sur une table et en face l'un de l'autre deux miroirs verticaux. Une bougie posée entre les deux donnera une série indéfinie d'images.

La figure 42 permet d'expliquer ce qui se passe pour une bougie que nous supposerons réduite au point L. Elle montre que, si un œil placé en O peut apercevoir une série d'images, c'est qu'il reçoit des rayons ayant subi une, deux, trois... réflexions. On voit du reste que l'image L' formée dans le miroir NN joue par rapport au miroir MM le rôle d'objet lumineux, puisque les rayons réfléchis par NN, dont les prolongements passent au point L', vont rencontrer le miroir MM, s'y réfléchissent et donnent en A l'image symétrique de L' par rapport à MM. A donnera A' pour la même raison et ainsi de suite.

103. **Miroirs angulaires.** — Si l'on place sur une table deux miroirs verticaux dans une position angu-

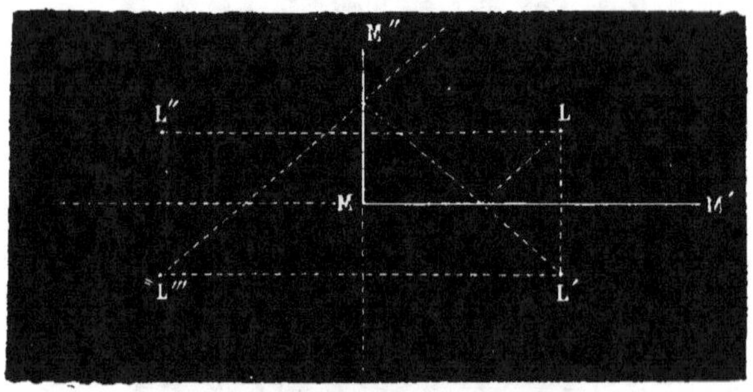

Fig. 43. — Miroirs angulaires.

laire, une bougie placée entre les deux donnera une série d'images dont le nombre et la position dépendent de la valeur de l'angle que font les miroirs.

Dans le cas de la figure 43, où les miroirs M' et M'' sont à 90°, on a trois images, L', L'', L'''.

Dans le cas d'une inclinaison différente de 90°, on a une série d'images dont le nombre dépend de la valeur de l'angle que font les miroirs.

104. Les miroirs dont on se sert ordinairement donnent lieu à deux images. Ce sont des miroirs formés d'une lame de glace derrière laquelle se trouve une couche d'argent ou d'amalgame d'étain. Les miroirs de glace, ayant ainsi deux surfaces réfléchissantes, donnent lieu à deux images, l'une assez faible formée par la sur-

face extérieure du verre, l'autre par la couche métallique. La seconde est celle que l'on voit ordinairement. Pour apercevoir bien distinctement la première, il faut se placer très obliquement par rapport au miroir.

On peut constater l'exactitude de ce qui précède en plaçant une bougie près d'un miroir de glace. On observera quelquefois plus de deux images dues à un phénomène que nous n'étudierons pas.

CHAPITRE III

Réfraction de la lumière. — Expériences simples.
Déviation produite par un prisme sur la direction
d'un rayon de lumière simple.

105. Réfraction. — Lorsqu'un rayon lumineux rencontre sur son passage des corps transparents, il peut. y pénétrer, et on dit qu'il change de milieu. Lorsque le rayon est oblique à la surface de séparation des deux milieux, ce changement de milieu est accompagné d'une déviation dans la direction du rayon. On dit alors qu'il *se réfracte*.

On peut démontrer ce fait par une expérience très simple. Plaçons-nous dans une chambre obscure et perçons un trou dans l'un des volets : à l'aide d'un miroir dirigeons le faisceau de rayons solaires entrant par ce trou, de manière qu'il vienne tomber obliquement à la surface de l'eau contenue dans un verre. Le rayon tracera sa marche à travers l'eau en illuminant les poussières qui sont en suspension dans le liquide et on constatera que le faisceau s'est infléchi en entrant dans l'eau et que la direction qu'il y suit n'est pas dans le prolongement du faisceau incident.

La valeur de cette déviation varie avec la nature des milieux. Si le rayon AB (fig. 44), en pénétrant dans le second milieu, se rapproche de la normale NN' élevée, au point d'incidence B, sur la surface MM' de séparation des deux milieux, on dit que le second milieu est *plus réfringent* que le premier. C'est ce qui arrive quand le rayon lumineux passe de l'air dans l'eau, par exemple :

l'eau est plus réfringente que l'air. Quand, au contraire,
le rayon s'éloigne de la normale, on dit que le second

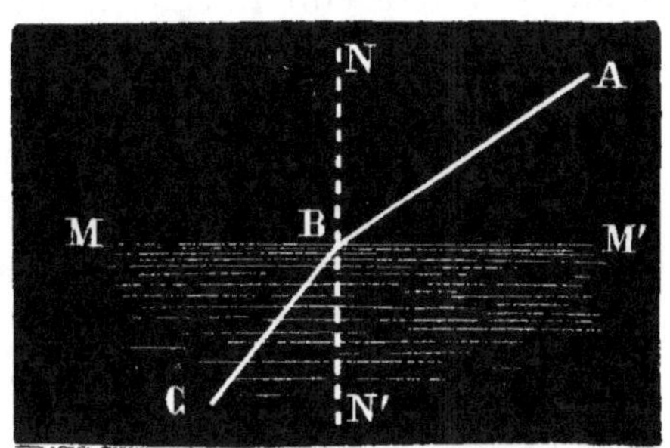

Fig. 44. — Réfraction de la lumière.

milieu est *moins réfringent* que le premier. C'est ce qui
arrive lorsque le rayon passe de l'eau dans l'air. Si nous
supposons que le rayon
lumineux, après avoir
traversé l'eau suivant
BC, sorte dans l'air, il
s'éloignera de la normale
et sortira suivant BA.

Si le rayon tombait
perpendiculairement à
la surface de séparation,
il continuerait sa route
sans déviation.

On appelle *plan d'in-
cidence* le plan déterminé
par le rayon incident et
la normale menée, au
point d'incidence, sur la
surface de séparation
des deux milieux.

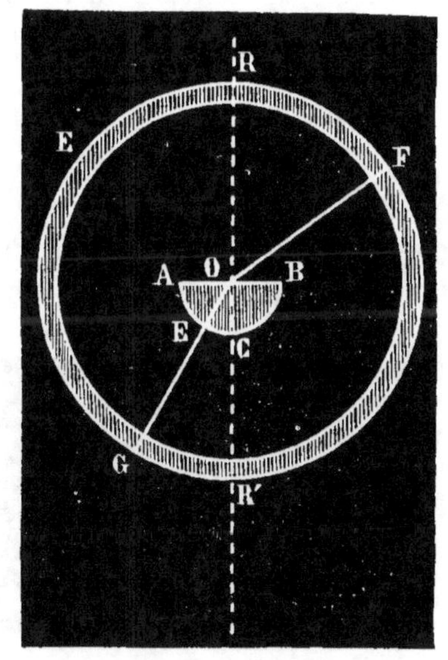

Fig. 45. — Lois de la réfraction de la
lumière.

On peut vérifier tous ces faits à l'aide de l'appareil
que nous avons employé (97) pour démontrer les lois

de la réflexion de la lumière; il suffit de substituer au miroir un demi-cylindre ABC (fig. 45) en verre, disposé de manière que son axe soit horizontal et que sa base coupe le plan suivant l'horizontale AB. Si l'on fait tomber en O un rayon FO passant par le centre du diaphragme CB, ce rayon se réfracte en passant dans le verre et prend la direction OE : arrivé au point E, comme il s'est propagé dans le verre suivant le rayon OE du cylindre, il est normal à la surface courbe et en sort sans déviation suivant EG, de telle sorte qu'en observant la direction du rayon EG, on a celle du rayon réfracté. Or, le rayon réfracté passe par le centre du diaphragme de la seconde alidade convenablement placée pour le recevoir. Ce premier fait démontre que le rayon réfracté reste dans le plan d'incidence. Si de plus on fait varier la position du rayon incident, il faudra, pour recevoir le rayon réfracté, déplacer la seconde alidade, ce qui prouve qu'il y a une relation entre la valeur de l'angle d'incidence et celle de l'angle de réfraction, ces angles étant définis comme pour la réflexion (96). Quand l'un augmente, l'autre augmente aussi. On peut remplacer le cylindre de verre par une cuvette cylindrique en verre, dans laquelle on met de l'eau, dont le niveau passe par le centre du cercle divisé.

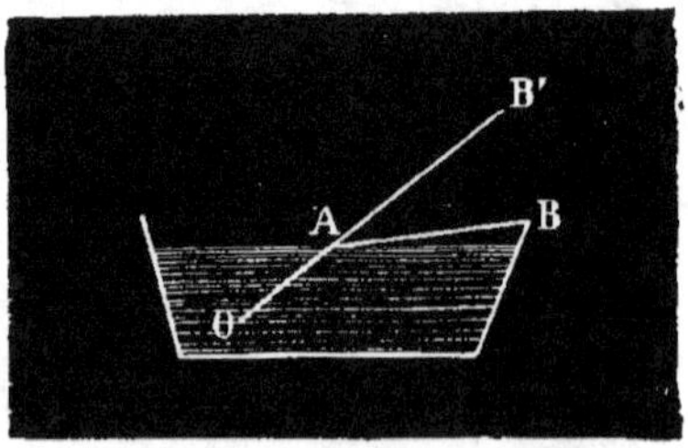

106. Déplacement des objets vus par réfraction. — Les principes précédents servent à expliquer des faits qui se présentent souvent.

Lorsqu'on regarde une eau limpide, les objets qu'elle renferme paraissent plus près de la surface qu'ils ne le sont réellement. Un point O, par exemple (fig. 46), envoie un rayon OA,

Fig. 46. — Déplacement des objets vus par réfraction.

qui, arrivé en A, au lieu de continuer suivant AB', se réfracte suivant AB, et l'œil placé en B verra O suivant le prolongement de BA et au-dessus de O.

Si l'œil était, comme celui d'un plongeur, dans une eau bien claire et bien tranquille, les objets placés sur les bords sembleraient relevés au-dessus de leur véritable place. Le point B (fig. 46), par exemple, envoyant un rayon BA, celui-ci se réfracte suivant AO, et l'œil qui,

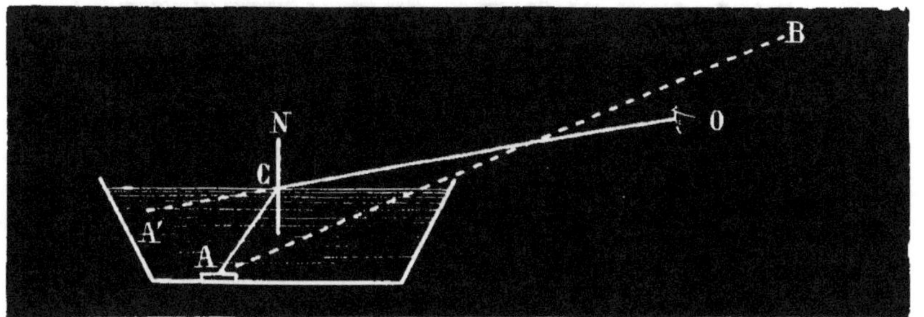

Fig. 47. — Déplacement des objets vus par réfraction.

placé en O, le reçoit, voit le point B en B' sur le prolongement AB' de OA.

L'expérience suivante se fait souvent.

On pose à terre un vase à parois non transparentes, et au fond une pièce de monnaie en A (fig. 47). On le place de manière que le rayon visuel BA rasant le bord du vase arrive juste à la pièce de monnaie : si l'on recule un peu à partir de cette position jusqu'en O, la pièce cesse d'être visible. Mais si alors une autre personne remplit d'eau la terrine, la pièce devient visible, quoiqu'elle n'ait pas changé de position. Voici comment on explique ce fait. Dès qu'on a versé de l'eau dans le vase, un certain nombre de rayons lumineux qui, lorsque le vase était vide, passaient au-dessus de l'œil, peuvent maintenant y arriver, le rayon lumineux AC, par exemple. Quand le vase est plein d'eau, le rayon en arrivant

en C se réfracte, s'écarte de la normale, va frapper l'œil
en O, et celui-ci voit la pièce de monnaie en A′, suivant
la direction prolongée du rayon réfracté.

Un bâton plongé dans l'eau (fig. 48) paraît coudé au
point d'immersion, et l'œil placé en O voit la partie
extérieure dans sa position réelle : quant à la partie
plongée, il la voit dans une position angulaire par rapport à la partie extérieure. Pour expliquer cette appa-

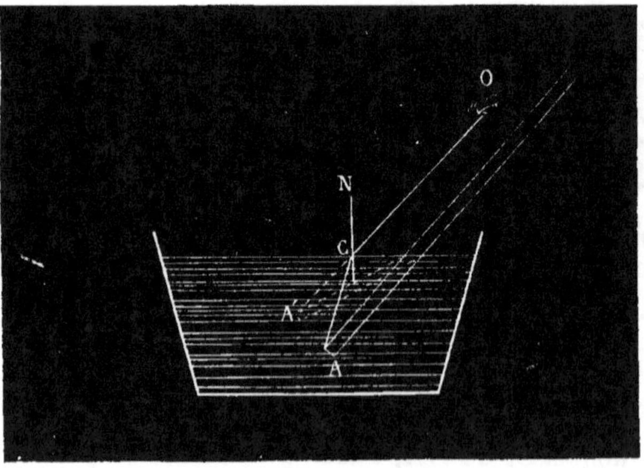

Fig. 48. — Effets de la réfraction.

rence, remarquons que les rayons émanés de la partie
extérieure ne subissent pas de réfraction avant d'arriver
à l'œil O, qui voit les points d'où ils émanent dans leur
position réelle ; mais les rayons émanés des points situés
dans l'eau subissent une réfraction qui change leur direction : le faisceau émané du point A, arrivé à la surface,
se réfracte en s'éloignant de la normale, et l'œil, qui le
reçoit, voit l'extrémité du bâton non pas en A, mais plus
haut, en A′, sur la direction prolongée du rayon réfracté.
Il en est de même pour tous les points situés dans l'eau,
de sorte que la partie immergée se trouvant relevée par
l'œil, le bâton paraît coudé et raccourci.

107. Réfraction atmosphérique. — Le phénomène de la réaction de la lumière a pour effet de nous
faire voir les astres dans une position différente de celle
qu'ils occupent réellement, et même de nous permettre
de les voir encore pendant quelque temps après qu'ils
sont descendus au-dessous de l'horizon du point où
nous nous trouvons. En effet, supposons qu'un astre S
(fig. 49) soit déjà au-dessous de l'horizon AH du lieu A de

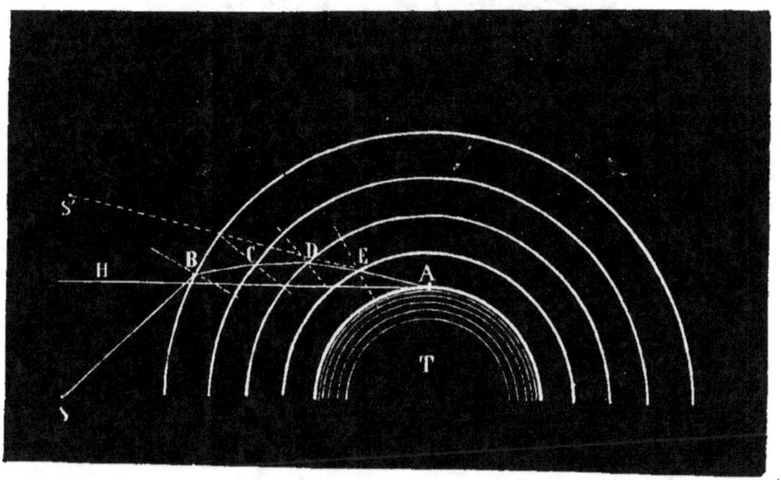

Fig. 49. — Réfraction atmosphérique.

l'observation; soit SB un rayon lumineux qu'il envoie
sur la première couche de l'atmosphère qui enveloppe
la terre T. En entrant dans cette couche il se réfractera
suivant BC. Mais les couches de l'atmosphère augmentent de réfringence à mesure qu'on s'approche du sol :
en entrant dans la seconde couche, le rayon lumineux
BC se réfractera de nouveau suivant CD en se rapprochant de la normale, et ainsi de suite. L'observateur
placé en A recevra le rayon lumineux EA et verra l'astre
en S' sur le prolongement de ce rayon EA. En réalité,
comme les couches de l'atmosphère augmentent de

réfringence par degrés insensibles, la ligne suivie par le rayon lumineux n'est pas une ligne brisée comme celle que représente la figure, mais une ligne courbe, et l'observateur voit l'astre dans le prolongement du dernier des éléments rectilignes dont cette courbe est composée.

108. Réflexion totale. — Angle limite. —

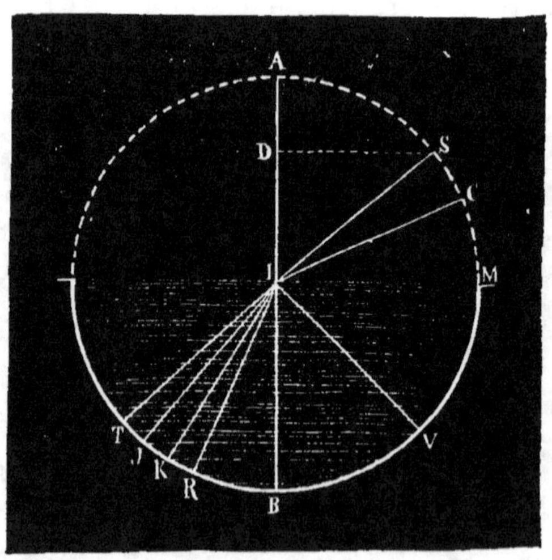

Fig. 50. — Réflexion totale.

Quand un rayon lumineux se présente à la surface de séparation de deux milieux, si le second milieu est plus réfringent que le premier, il peut toujours pénétrer dans ce second milieu. Mais si le second milieu est moins réfringent que le premier, le rayon ne peut pas toujours traverser la surface de séparation.

Soit un rayon lumineux RI cheminant dans l'eau (fig. 50) et faisant un angle de réfraction AIS : si RIB croît et devient KIB, l'angle de réfraction croît et devient AIC. L'angle d'incidence continuant à croître atteint une valeur JIB pour laquelle l'angle de réfraction AIM est droit, et le rayon réfracté IM sort en rasant la surface de l'eau. Si, à partir de cette valeur, l'angle d'incidence croît encore, l'expérience apprend que le rayon II ne sortira plus, mais sera réfléchi totalement suivant IV en suivant les lois de la réflexion de la lumière.

L'angle d'incidence JIB, de valeur telle que l'angle de réfraction soit 90°, est appelé *angle limite*.

L'appareil suivant, que nous avons fait construire pour

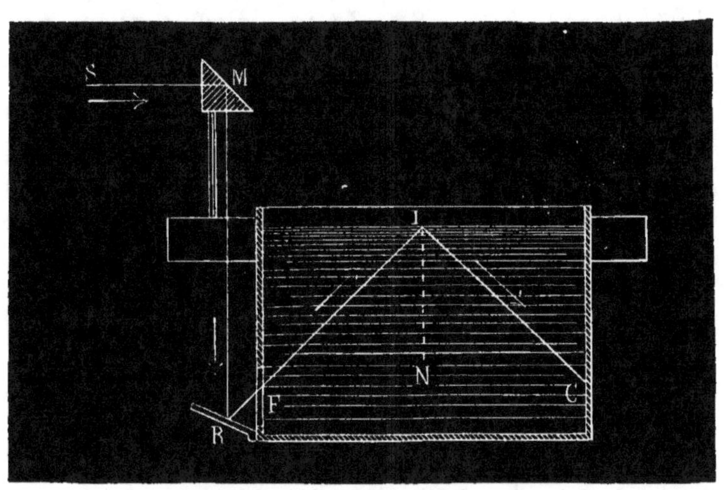

Fig. 51. — Réflexion totale. Appareil de M. P. Poiré.

le cabinet de physique du lycée Condorcet, nous permet de démontrer le fait énoncé. Faisons entrer dans une cuve pleine d'eau un rayon lumineux qui après réflexion sur un miroir prend la direction RI (fig. 51) et traverse une lame à faces parallèles F placée sur une des parois de la cuve; le rayon voyageant dans l'eau va se présenter à la surface de séparation de l'eau et de l'air. Si le miroir R est placé dans une position telle que l'angle d'incidence dans l'eau soit plus petit que l'angle limite, le rayon sortira dans l'air. Mais si, inclinant le miroir, on donne à l'angle I une valeur plus grande que l'angle limite, le rayon se réfléchit et l'illumination des poussières qui sont en suspension dans l'eau permet de suivre, à travers la lame de glace qui forme la paroi antérieure de la cuve, la marche du rayon incident et du rayon réfléchi.

109. L'expérience suivante est une application de la réflexion totale. Plaçons dans l'eau en O (fig. 52) une petite source lumineuse, telle qu'une petite lampe électrique incandescente. Soit LOL', un cône ayant pour demi-angle l'angle limite relatif à l'eau et à l'air. Recouvrons la base LL' de ce cône avec une plaque de liège P,

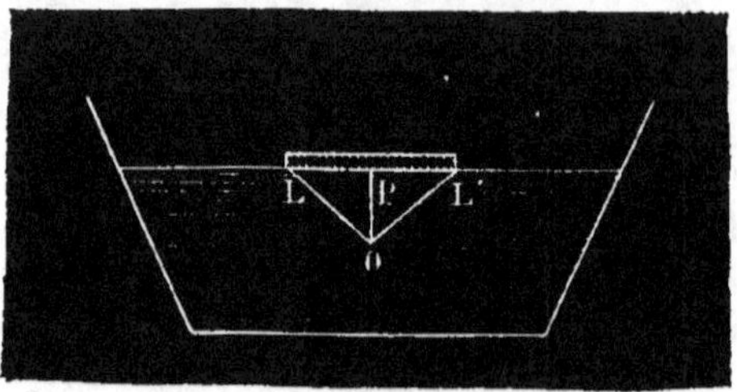

Fig. 52. — Réflexion totale.

on ne pourra plus voir O, parce que les seuls rayons partis de O qui puissent sortir comme faisant un angle plus petit que l'angle limite, sont arrêtés par le liège. Ceux qui tombent sur la surface de l'eau en dehors de la plaque de liège font un angle plus grand que l'angle limite et au lieu de sortir sont réfléchis totalement.

110. On peut aussi faire l'expérience suivante. Prenons une plaque de liège, un bouchon pour bocaux. Implantons sur sa face inférieure un crayon dont on aura divisé la hauteur en plusieurs parties en y collant des bandes de papier de couleurs différentes. Si l'on met le bouchon sur l'eau en plongeant le crayon dans l'eau, on constate que les parties supérieures du crayon ne sont pas visibles, parce que les rayons qu'elles envoient en dehors du bouchon sont réfléchis totalement.

111. Mirage. — Le phénomène de la réflexion totale
sert à expliquer un effet très intéressant qui se produit
surtout dans les plaines arides, échauffées par un soleil
brûlant et qui est désigné sous le nom de *mirage*. Il a été
souvent observé par nos soldats de l'expédition d'Égypte.
Il consiste en ce que les objets qui, à une certaine distance, s'élèvent au-dessus du sol, donnent une image
d'eux-mêmes renversée et symétrique. L'observateur,

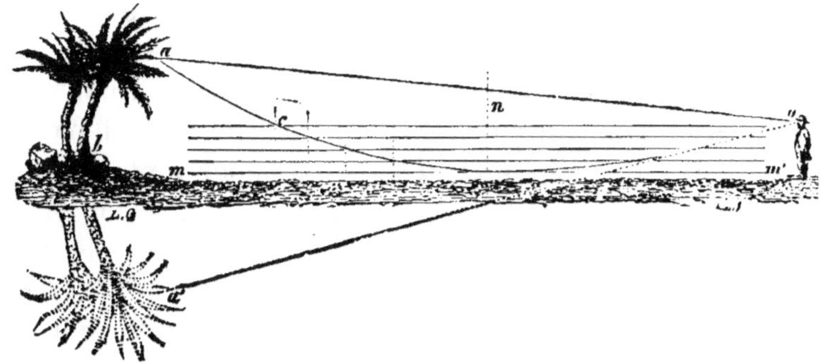

Fig. 53. — Mirage.

recevant à la fois les rayons venus directement de l'objet
et ceux qui concourent à la formation de son image, croit
à l'existence d'une couche d'eau jouant le rôle de miroir.

Voici l'explication que Monge a donnée de ces phénomènes.

Les couches d'air en contact avec le sol brûlant
s'échauffent et prennent une densité et une réfringence
moindres que celles des couches supérieures, de telle
sorte que la densité et la réfringence de l'air vont en
croissant jusqu'à une certaine hauteur pour laquelle
l'atmosphère se trouve soustraite à l'influence du sol. A
partir de ce niveau, la densité et la réfringence de l'air
vont en décroissant, comme cela arrive ordinairement.

Ceci posé, supposons un point élevé *a* (fig. 53) et un
observateur placé en *o*. Cet observateur verra le point *a*

par le faisceau direct *ao*, mais il pourra recevoir des rayons qui lui viendront de *a* après avoir suivi une marche bien moins directe. Considérons, par exemple, le rayon *ac*, qui tombe obliquement sur la couche d'air à partir de laquelle la réfringence va en diminuant à mesure qu'on s'approche du sol. Cette couche étant moins réfringente que la précédente, le rayon, en y pénétrant, s'écarte de la normale; de même ce rayon réfracté doit encore s'éloigner de la normale en pénétrant dans la couche suivante. On voit que ces réfractions ont pour effet de donner aux rayons lumineux une direction de plus en plus voisine de l'horizontalité. Mais comme il arrivera un moment où l'angle d'incidence aura dépassé la valeur de l'angle limite, le rayon ne pourra plus pénétrer dans la couche moins réfringente *mm'* qui suit celle où il se trouve; il éprouvera le phénomène de la réflexion totale, et à partir de là se réfractera en sens inverse, puisqu'il traversera des couches de plus en plus réfringentes. L'observateur recevant le rayon suivant *oa'* verra un point lumineux en *a'*. Comme ce raisonnement peut être répété pour tous les points de l'objet lumineux, on apercevra une image renversée de cet objet et semblable à celle que donnerait une nappe d'eau.

112. Passage d'un rayon lumineux à travers un milieu transparent à faces parallèles. — Lorsqu'un rayon lumineux I*a* (fig. 54) traverse un milieu transparent, une lame de verre ABCD, par exemple, à faces parallèles, il sort suivant *a'*R, parallèlement à sa direction primitive, mais en subissant un déplacement latéral, dont la valeur dépend et de l'épaisseur du milieu et de sa nature.

Pour vérifier par l'expérience le fait du parallélisme du rayon incident et du rayon émergent, on peut remarquer que si l'on regarde une étoile à travers une lame de verre à faces parallèles, sa position dans le ciel est sensiblement la même que lorsqu'on la regarde à l'œil nu.

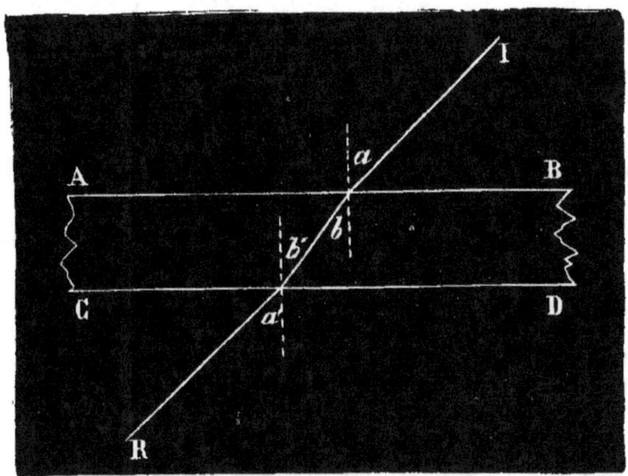

Fig. 54. — Milieu à faces parallèles.

On peut aussi faire l'expérience suivante : on projette

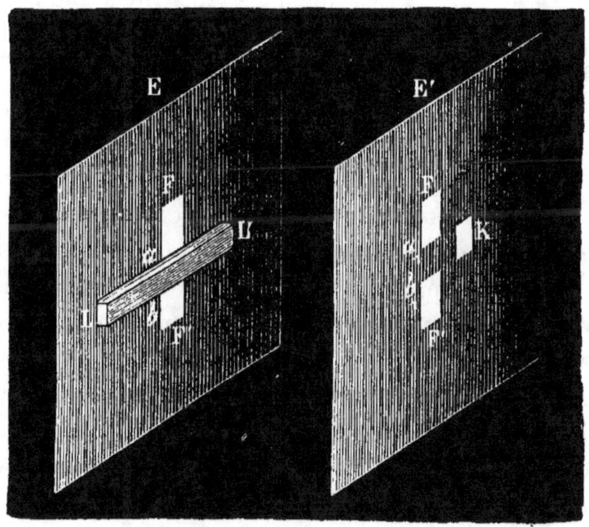

Fig. 55. — Milieu à faces parallèles.

sur un écran E′ (fig. 55), à l'aide d'une lentille, une fente
lumineuse $FabF'$ pratiquée dans la paroi E. Si alors on

vient placer obliquement sur le trajet du faisceau lumineux une lame de verre assez épaisse, à faces parallèles, mais moins larges que la fente, on constate que la bande lumineuse n'est plus rectiligne, mais que, sur la partie *ab* correspondante à la lame de verre, elle est reportée latéralement et parallèlement à elle-même en K.

113. Prismes. — On nomme *prisme* en optique un milieu transparent limité par deux plans qui se coupent. La ligne d'intersection des deux faces planes est appelée l'*arête réfringente* du prisme, et l'angle qu'elles comprennent l'*angle réfringent* du prisme. Toute section déterminée par un plan perpendiculairement à l'arête réfringente est appelée *section principale*. Les prismes destinées aux expériences de physique sont ordinairement des morceaux de verres bien homogènes, taillés en prismes triangulaires droits. La section principale est alors un triangle, et celui de ses sommets qui se trouve sur l'arête réfringente, est appelé *sommet* du prisme; le côté opposé s'appelle *base*.

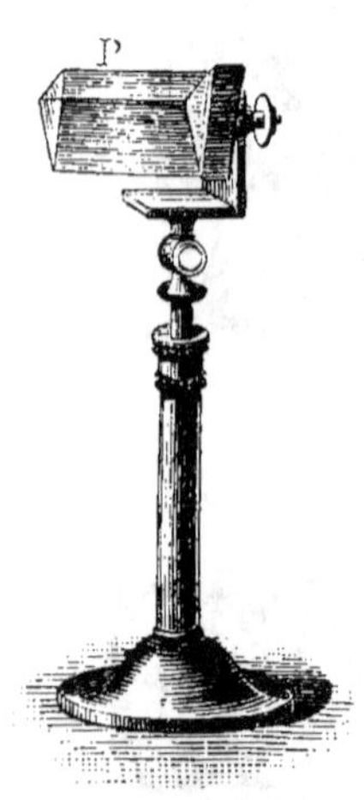

Fig. 56. — Prisme.

La figure 56 représente un prisme P monté sur un pied, de manière qu'on puisse lui faire prendre différentes positions.

Lorsque la lumière traverse un prisme, elle subit une déviation qu'il est facile d'expliquer [1].

Supposons que ABC (fig. 57) représente la section principale d'un prisme en verre, et considérons ce qui

---

1. Tout ce que nous allons dire s'applique à de la lumière simple, d'une seule couleur. S'il s'agissait de lumière hétérogène, comme celle du soleil, le phénomène de déviation se compliquerait d'un phénomène de coloration qui sera étudié au chapitre V.

se passe dans son plan. Soit SI un rayon incident de lumière monochromatique, rouge, par exemple ; lorsqu'il pénètre dans le prisme au lieu de continuer suivant IL, il se réfracte suivant II′ en se rapprochant de la normale IO ; arrivé en I′, il se réfracte suivant I′S′ en s'éloignant de la normale I′O, puisqu'il passe d'un milieu plus

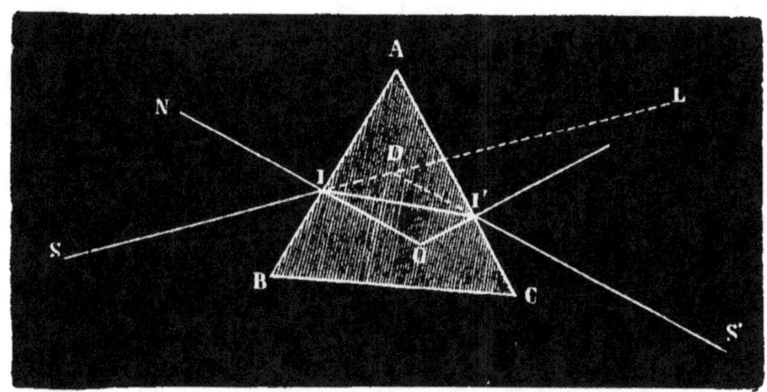

Fig. 57. — Prisme.

réfringent dans un milieu moins réfringent. On voit que ces deux réfractions ont pour effet de reporter les rayons vers la base BC du prisme et les objets vus à travers lui semblent reportés vers son sommet A : car l'effet que nous observons dans une seule section s'observe dans toutes les autres.

114. La valeur de la déviation produite par un prisme dépend de l'angle d'incidence, de l'angle réfringent du prisme et de la nature de la substance qui a servi à faire le prisme. — On peut démontrer ce qui précède par l'expérience.

1° *La déviation dépend de l'angle réfringent du prisme.* — Pour mettre ce fait en évidence, on se sert d'un prisme à angle variable, qui n'est autre qu'une espèce de cuvette (fig. 58). Entre les deux faces *aa′*, *bb′*, qui sont en cuivre, sont des lames de verre *oc*, *o′c′*, montées dans des cadres, de métal et mobiles autour de charnières *o* et *o'*, qui permettent de faire varier l'angle qu'elles forment. Après avoir versé dans l'intervalle des deux lames un liquide transparent, de l'eau par exemple, on fait arriver par la face *oc* qu'on laisse fixe un rayon lumineux de direction constante, et on constate que la déviation produite dépend

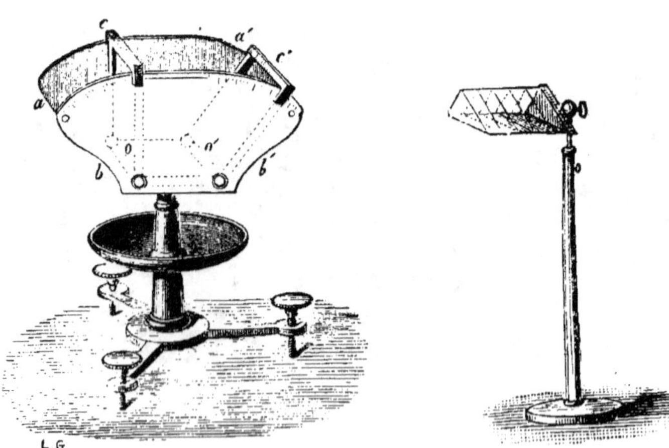

Fig. 58. — Prisme à angle variable.　　　Fig. 59. — Polyprisme.

de la position de la lame *o'c'*, et, par suite, de la valeur de l'angle réfringent du prisme ainsi formé.

2° *La déviation dépend de la nature du prisme.* — On vérifie ce fait expérimentalement de deux manières. On peut mettre successivement dans l'appareil que nous venons de décrire des liquides différents, et constater que les déviations ne sont pas les mêmes dans chaque cas. On peut aussi se servir du *polyprisme*, appareil formé par l'assemblage de lames prismatiques de natures différentes et juxtaposées (fig. 59). Si l'on reçoit un faisceau lumineux sur ce prisme multiple, on constate à l'émergence que les déviations produites par les différentes lames ne sont pas les mêmes.

3° *La déviation dépend de la valeur de l'angle d'inci-*

dence. — Pour le prouver, on reçoit un faisceau lumineux de direction constante sur un prisme que l'on fait tourner de manière à faire varier l'angle d'incidence : on constate alors que la déviation varie avec l'angle d'incidence. On peut adopter la disposition que représente la figure 60. Elle montre que le faisceau lumineux F est

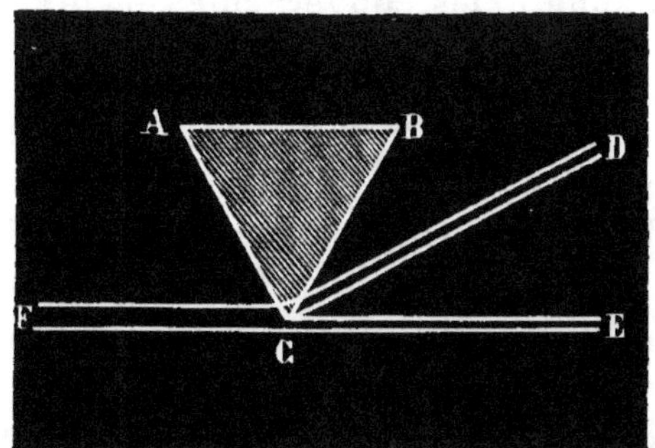

Fig. 60. — La déviation dépend de l'angle d'incidence.

partagé en deux parties, l'une E, qui n'a pas subi de déviation et qui va produire une tache lumineuse E sur un écran ; l'autre D, qui a été déviée par le prisme. En faisant varier la position du prisme, on fait varier l'angle d'incidence et l'on constate que la distance, qui sépare D et E et qui mesure la déviation, varie.

CHAPITRE IV

Lentilles sphériques convergentes et divergentes. Leurs propriétés déduites de l'expérience.

115. On appelle *lentilles sphériques* des masses transparentes, généralement en verre, terminées par deux surfaces sphériques, ou par une surface sphérique et une surface plane. On en distingue deux espèces :

1° Les lentilles *convergentes* ou lentilles à bords tran-

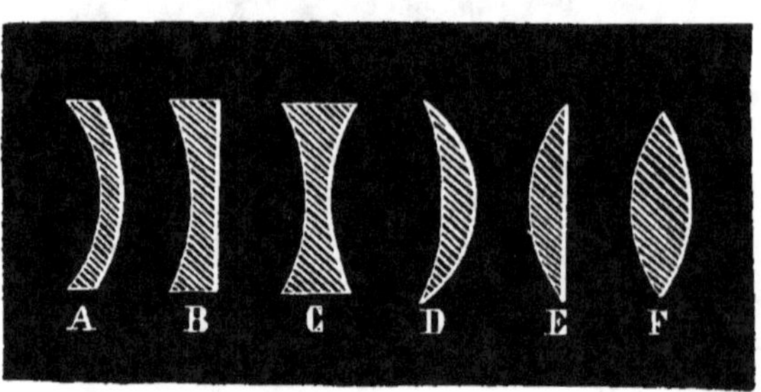

Fig. 61. — Lentilles.

chants, dont l'épaisseur est croissante depuis les bords jusqu'au milieu : D, E, F (fig. 61) représentent des lentilles convergentes. Elles ont la propriété de faire converger vers un point unique F les rayons parallèles qui tombent sur elles (fig. 62).

2° Les lentilles *divergentes* ou lentilles dont l'épaisseur diminue depuis le bord jusqu'au milieu; A, B, C (fig. 61 représentent des lentilles divergentes. Elles ont la propriété de faire diverger les rayons parallèles qui tombent sur elles (fig. 63).

Nous prendrons pour type des lentilles convergentes la lentille biconvexe F, et pour type des lentilles divergentes la lentille biconcave C. Nous les supposerons infiniment minces.

LENTILLES CONVERGENTES

116. On nomme *axe principal* d'une lentille biconvexe ou biconcave la ligne qui joint les centres des deux surfaces sphériques formant les faces de la lentille. Soient

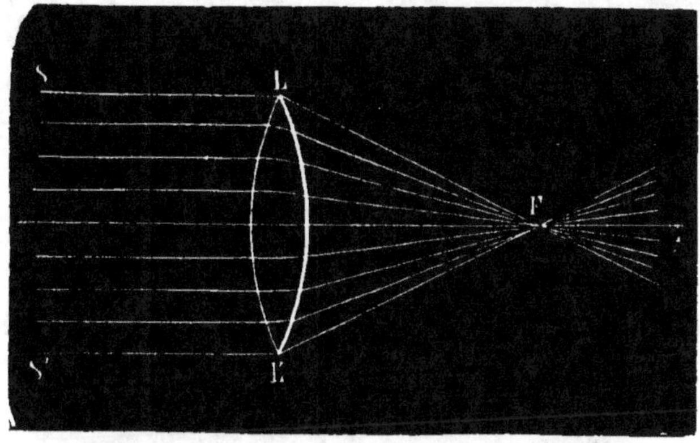

Fig. 62. — Propriété fondamentale des lentilles convergentes.

C, C' (fig. 64) les deux centres en question, la ligne CC' sera l'axe principal.

117. **Foyer principal.** — Si des rayons lumineux tombent sur une lentille parallèlement à son axe, comme ceux du faisceau SLS'L' (fig. 62), l'expérience prouve qu'ils vont tous se couper en un même point F de l'axe principal. Ce point est appelé *foyer principal*.

Pour démontrer ce fait, on reçoit un faisceau de rayons parallèles sur une lentille convergente, que l'on oriente de manière que son axe principal soit lui-même parallèle aux rayons incidents. On constate que tous ces rayons, après avoir traversé la lentille, viennent se croiser sur l'axe en un même point F (fig. 62).

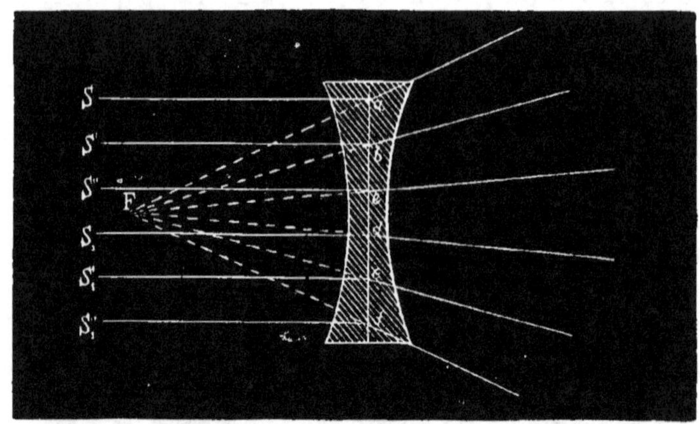

Fig. 63. — Propriété fondamentale des lentilles divergentes.

Il est évident qu'il y a un foyer principal de chaque côté de la lentille.

Ajoutons que réciproquement, si l'on place un point

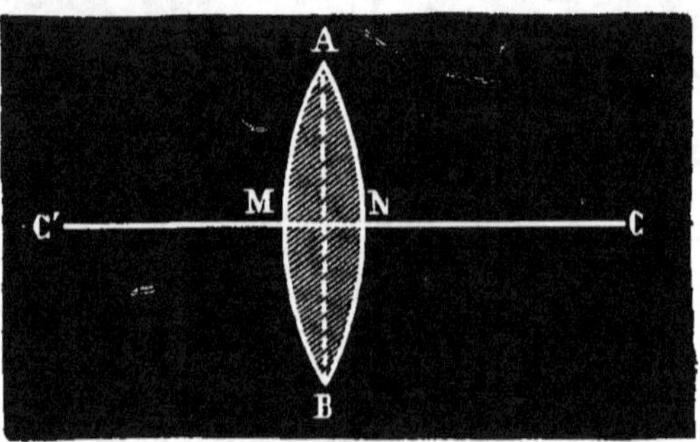

Fig. 64. — Lentille convergente.

lumineux au foyer principal d'une lentille biconvexe, les rayons qu'il envoie sur la lentille en sortent parallèles entre eux et à l'axe principal.

Le faisceau SLS'L', qui est composé de rayons parallèles, est transformé en un faisceau de rayons LL'F, qui vont se couper en F. Le faisceau LL'F est dit *convergent*; à partir du point F, les rayons vont en s'écartant et le faisceau est *divergent*.

On appelle distance *focale principale* d'une lentille la distance du foyer principal à la lentille.

118. Foyers conjugués. — L'expérience montre aussi que des rayons partis d'un même point P (fig. 65) situé sur l'axe principal donnent des rayons émergents

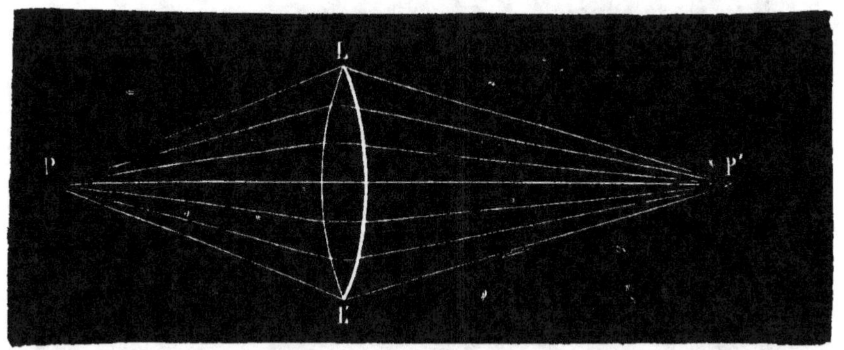

Fig. 65. — Foyer conjugué réel d'un point situé sur l'axe principal.

qui se rencontrent tous en un autre point P', situé sur cet axe et au delà du foyer principal.

Pour démontrer ce fait, à l'aide d'une première lentille, on fait converger des rayons vers un point P, et on oriente une autre lentille, de manière que son axe principal passe par ce point P. Celui-ci envoie sur elle des rayons lumineux qui vont, après réfraction, se couper au point P', qui est appelé le *foyer conjugué* du point P. Ces deux points P et P' sont liés l'un à l'autre, de telle sorte que, si un point lumineux était placé en P', les rayons partis de ce point iraient, après leur réfraction, converger en P.

119. Relation de position du point lumineux

et du foyer conjugué. — Il existe une relation étroite entre les distances qui séparent de la lentille le point lumineux et son foyer conjugué.

L'expérience mène aux résultats suivants :

1° Si le point lumineux est, par rapport à la lentille, à une distance plus grande que le double de la distance focale principale, le foyer conjugué est, de l'autre côté de la lentille, à une distance moindre que le double de la distance focale principale; 2° si le point lumineux se

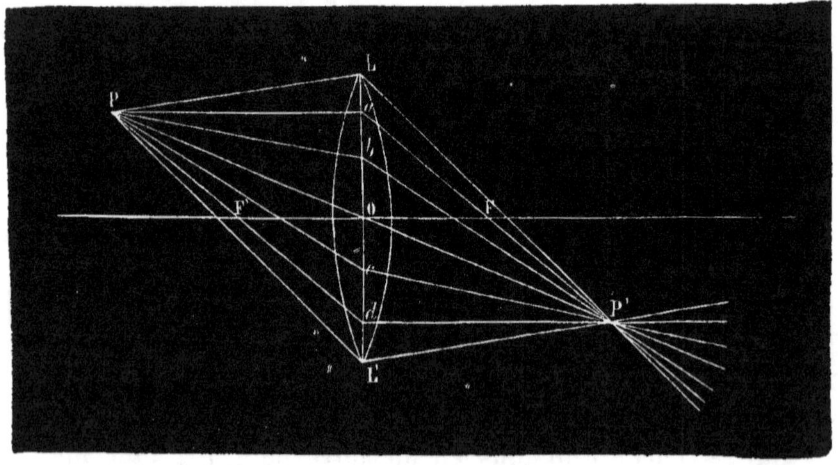

Fig. 66. — Foyer conjugué réel d'un point situé hors de l'axe principal.

rapproche de la lentille, tout en restant à une distance plus grande que le double de la distance focale principale, le foyer conjugué s'éloigne de la lentille; 3° si le point lumineux est à une distance égale au double de la distance focale principale, le foyer conjugué est à la même distance de l'autre côté de la lentille; 4° si le point lumineux est au foyer principal, le foyer conjugué se trouve à l'infini, c'est-à-dire que les rayons sortent parallèlement à l'axe.

Il suffit, pour démontrer expérimentalement tous ces

résultats, de placer une petite source lumineuse sur l'axe principal de la lentille et de chercher, de l'autre côté de la lentille, où il faut placer un écran pour y recevoir le point de concours des rayons réfractés. En mesurant dans chaque expérience les distances du point lumineux et de l'écran à la lentille, on vérifie tous les résultats que nous venons d'énumérer.

120. Le point lumineux est situé en dehors de l'axe. — Lorsque le point lumineux est situé en dehors de l'axe, son foyer conjugué est situé en dehors de l'axe sur une ligne appelée *axe secondaire* et menée par le point lumineux et par un point nommé *centre optique*. Ce dernier point, dans une lentille biconvexe, est situé sur l'axe et dans l'intérieur de la lentille. L'expérience du n° 118 répétée, en plaçant le point P en dehors de l'axe, montre que, si P (fig. 66) est au-dessus de l'axe, le foyer conjugué est au-dessous et réciproquement. La relation de position du point lumineux et du foyer conjugué (119) est la même sur l'axe secondaire que sur l'axe principal.

Pour simplifier la figure 66, on a supposé, comme cela se fait souvent, que les deux réfractions se faisaient sur un même plan LOL', ce qui revient à dire qu'on réduit la lentille à un plan jouissant des mêmes propriétés qu'elle.

121. Construction de l'image d'un point. — Une lentille est définie par la position de son centre optique et de son foyer principal. Il résulte de cela et de ce qui précède une construction géométrique simple pour déterminer l'image d'un point P (fig. 66). Puisque tous les rayons émanés se coupent en un même point de l'axe secondaire, il suffit d'avoir l'intersection de l'un d'eux avec cet axe. Or le rayon P*a* parallèle à l'axe va passer au foyer principal F, puis va couper l'axe en P' qui sera l'image de P. Il suffira donc de mener la parallèle P*a* à l'axe principal, de joindre *a* au point F et de prolonger jusqu'à sa rencontre en P′ avec l'axe secondaire PO.

122. Foyer réel. — Dans tout ce qui précède, ce sont les rayons lumineux eux-mêmes qui vont se couper au foyer; ce foyer est *réel*. Si le point lumineux est situé *au-dessus* de l'axe principal, le foyer réel est situé *au-dessous* et réciproquement.

La figure 66 montre la marche des rayons dans une lentille convergente pour le cas du foyer réel. Le point P envoie sur la lentille un cône de rayons : si nous supposons la lentille réduite à un plan, les différents rayons PL, P*a*, P*b*, PO, P*c*, P*d*, PL′ donnent des rayons réfractés LP′, *a*P′, *b*P′, OP′, *c*P′, *d*P′, L′P′, qui se coupent tous au foyer conjugué P′, qui est réel. Un œil placé dans la seconde nappe du cône émergent verra un point lumineux en P′. Si l'on place un écran en P′, cet écran diffuse les rayons, et le foyer est visible de tous les points situés autour de lui.

123. Foyers virtuels. — Lorsque le point lumineux P (fig. 67) est situé entre la lentille et le foyer principal, l'expérience prouve que les rayons lumineux, en sortant de la lentille, au lieu d'aller en convergeant, vont en divergeant. Quand on déplace l'écran derrière la lentille, en l'éloignant d'elle, on constate que la tache lumineuse, que produisent sur lui les rayons, va en grandissant, ce qui prouve que ces rayons divergent. Ils forment un cône dont le sommet P′ est, par rapport à la lentille, du même côté que le point lumineux. Ce sommet est un foyer *conjugué virtuel*. L'œil placé dans le cône voit ce point lumineux, mais on ne peut le recevoir sur un écran : car ce sont seulement les prolongements géométriques des rayons qui vont s'y couper.

Si le point lumineux P (fig. 68) est situé en dehors de l'axe, mais toujours à une distance moindre que la distance focale, le foyer conjugué P′ est toujours virtuel et

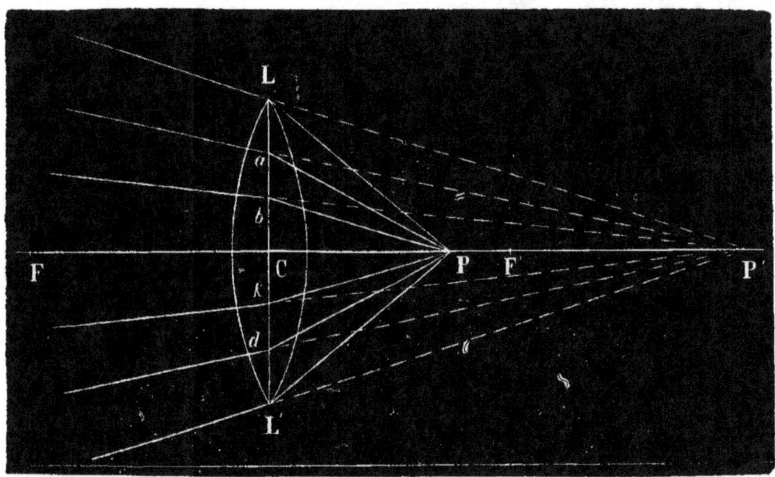

Fig. 67. — Foyer conjugué virtuel.

situé sur l'axe secondaire PO. Il est au-dessus de l'axe

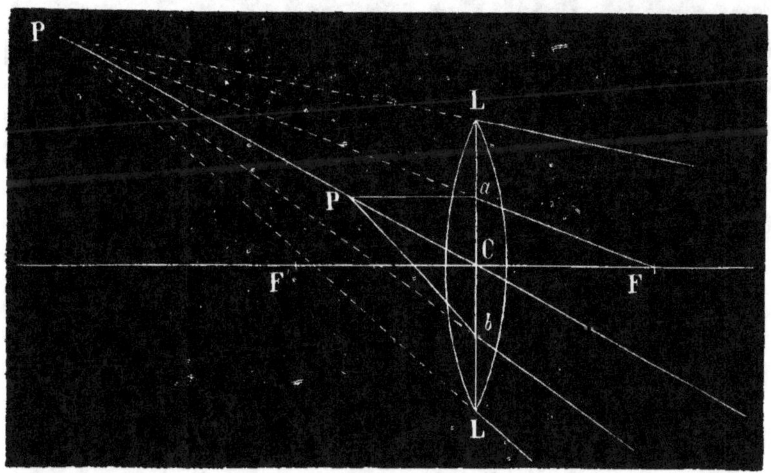

Fig. 68. — Foyer conjugué virtuel.

principal, si P est lui-même au-dessus; il est au-dessous
de l'axe, si P est lui-même au-dessous.

7.

124. Images réelles des objets données par les lentilles convergentes. — Un objet lumineux, la flamme d'une bougie par exemple, devant être considéré comme l'ensemble d'un certain nombre de points lumineux, il résulte de ce que nous venons de voir que chacun de ces points donnera pour image un point et

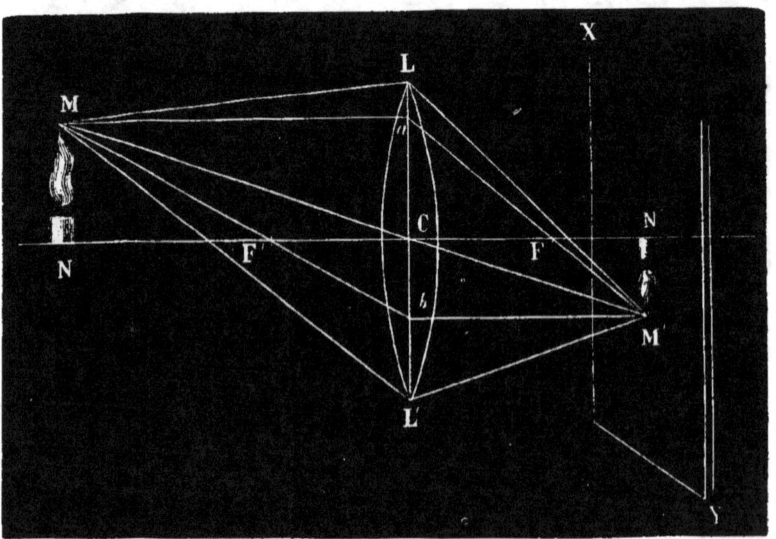

Fig. 69. — Image réelle, renversée et plus petite que l'objet.

que l'ensemble de ces images formera l'image de l'objet lui-même.

Voici les résultats auxquels mène l'expérience.

En plaçant un objet lumineux, la flamme d'une bougie, par exemple, en avant d'une lentille et au delà du foyer principal, on constate qu'on peut recevoir sur un écran *convenablement* placé de l'autre côté de la lentille l'image réelle et renversée de la flamme. On peut d'ailleurs vérifier toutes les relations de position que nous avons indiquées.

Nous avons dit qu'il fallait que l'écran fût *convenable-*

ment placé, c'est-à-dire au foyer conjugué de l'objet. Lorsqu'on le met en avant ou en arrière de ce foyer, l'image n'est pas nette. En effet, si nous considérons (fig. 66) le cône de rayons lumineux envoyés par le point P, le cône de rayons réfractés aura son sommet en P', foyer conjugué de P, et l'écran placé en P' présentera en

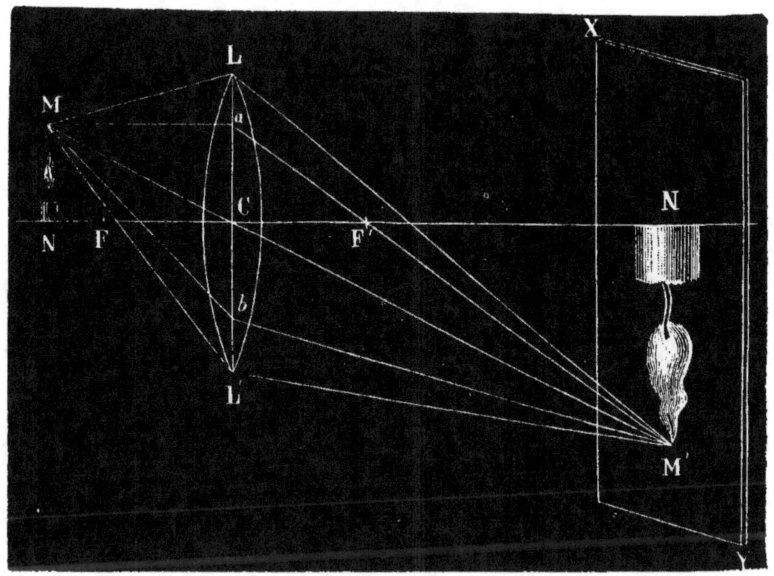

Fig. 70. — Image réelle, renversée et plus grande que l'objet.

P' un point lumineux formé par l'intersection de tous les rayons qui viennent y converger. Il en sera de même pour chacun des points d'un objet MN (fig. 69), et l'image sera nette. Si, au contraire, on place l'écran soit en avant, soit en arrière de M'N', l'écran coupera le cône venant du point M suivant un petit cercle lumineux, qui se superposera en partie au petit cercle donné par un point voisin, et l'image n'aura plus de netteté.

On constate que : 1° si la distance, qui sépare l'objet de la lentille, est *plus grande que le double de la dis-*

tance focale principale, l'image est *réelle, renversée* et *plus petite* que l'objet, c'est le cas de la figure 69 ; 2° si la distance, qui sépare l'objet de la lentille, est *égale* au *double de la distance focale principale*, l'image est *réelle, renversée* et *égale* à l'objet ; 3° si *la distance, qui sépare l'objet de la lentille est plus petite que le double de la distance focale principale*, l'image est *réelle, renversée* et *plus grande* que l'objet, c'est le cas de la figure 70.

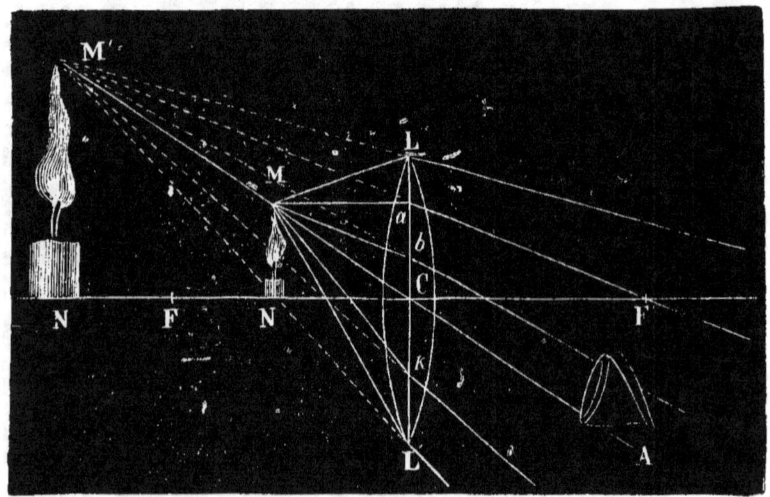

Fig. 71. — Image virtuelle, droite et plus grande que l'objet.

Toutes ces expériences peuvent être faites avec l'un des verres du lorgnon d'un presbyte, une bougie et une feuille de papier sur laquelle on recevra l'image.

125. **Images virtuelles données par les lentilles convergentes**. — Si la bougie est placée entre le foyer principal et la lentille, il n'y a plus d'image réelle, mais l'œil placé de l'autre côté de la lentille, de manière à recevoir les rayons réfractés, apercevra une image *virtuelle, droite* et plus *grande* que la bougie. C'est le cas de la figure 71.

126. Lanterne magique. — La lanterne magique
est une application de la formation des images réelles
données par les lentilles convergentes. Inventée par le
Père Kircher, elle a été notablement perfectionnée par
Duboscq, qui a construit un appareil à l'aide duquel on

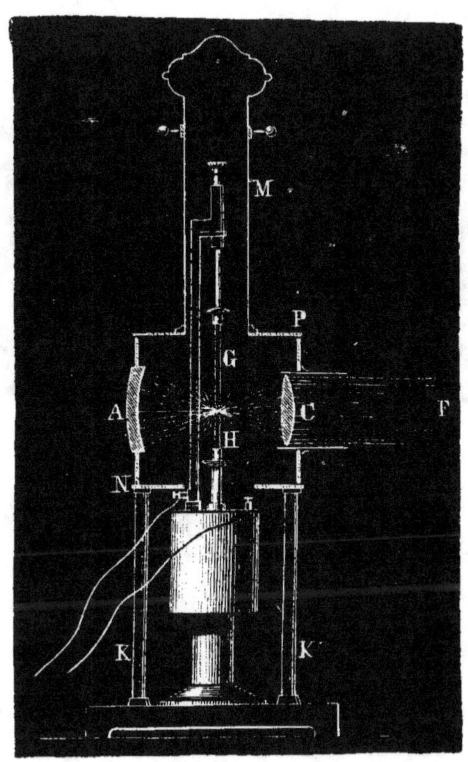

Fig. 72. — Lanterne d'optique.

projette commodément sur un tableau les images ampli-
fiées de vues photographiques prises sur verre, ou plus
généralement de figures tracées sur des lames transparentes. Une lanterne MPN (fig. 72), à parois opaques,
est soutenue par des colonnes K et K′; elle renferme
une source lumineuse, une lampe ou un régulateur de

lumière électrique I. Un miroir concave A réfléchit les
rayons et les renvoie sur une lentille C, d'où ils sortent
parallèles. La pièce représentée par la figure 73 est fixée
sur la paroi antérieure de la lanterne, et une coulisse FF
reçoit les lames sur lesquelles sont tracées les images à
projeter. Ces images fortement éclairées, par les lentilles
qui les précèdent, deviennent de véritables objets lumi-

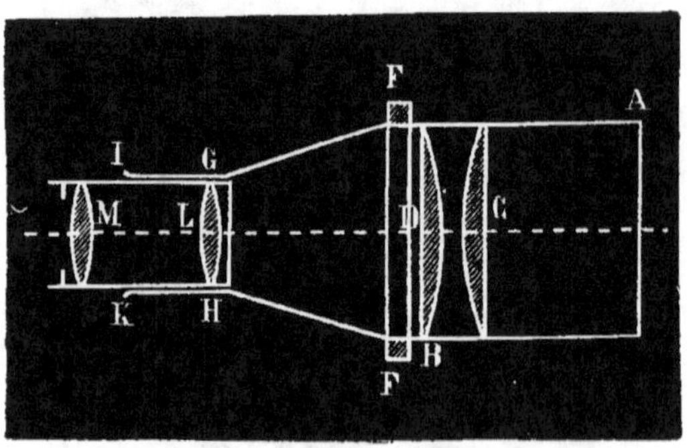

Fig. 73. — Lanterne magique.

neux dont les lentilles L et M projettent les images agran-
dies sur un tableau.

LENTILLES DIVERGENTES

Nous prendrons pour type des lentilles divergentes la
lentille biconcave.

127. Foyer principal. — Si des rayons lumineux
tombent sur une lentille divergente parallèlement à son
axe principal, après s'être réfractés, ils divergent et leurs
prolongements géométriques vont couper l'axe en un
seul et même point, qui est le foyer principal F (fig. 63)
de la lentille. Ce foyer est *virtuel*.

Pour constater expérimentalement cette divergence,
il suffit de faire tomber sur une lentille divergente, paral-

lèlement à son axe, un faisceau de rayons solaires. En plaçant un écran derrière la lentille, on constate que la tache lumineuse, qui s'y produit, est plus grande que la section du faisceau cylindrique, et qu'elle va en grandissant à mesure que l'écran s'éloigne. Des raisonnements, qui ne peuvent trouver place ici, prouveraient d'ailleurs que les rayons en divergeant vont se couper en un seul

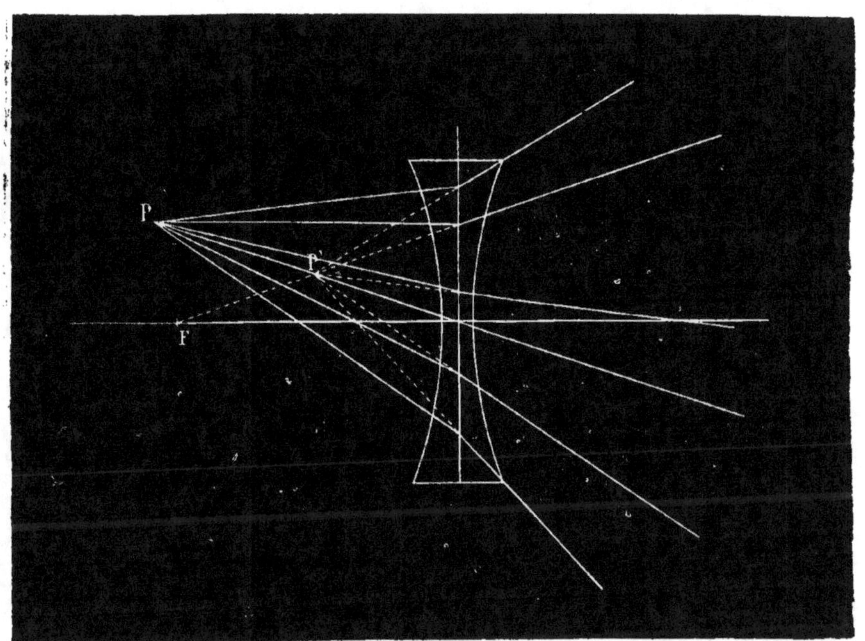

Fig. 74. — Point situé en dehors de l'axe, marche des rayons.

et même point F, par leurs prolongements géométriques. C'est ce point que nous avons appelé *foyer principal*.

128. Si l'on place un point lumineux P (fig. 74) en face d'une lentille divergente, on constate que le cône de rayons lumineux, qu'il envoie sur cette lentille, va en divergeant davantage après l'avoir traversée. Car si l'on reçoit sur un écran le cône émergent, la tache lumineuse

qu'il y produit est plus grande que a lentille elle-même :
elle va en augmentant, à mesure qu'on éloigne l'écran.

La théorie montre que tous ces rayons vont, par leurs
prolongements géométriques, se couper en un seul et
même point P′ situé, par rapport à la lentille, du même
côté que le point lumineux. Ce point d'intersection est le
foyer conjugué virtuel du point lumineux. Il est visible

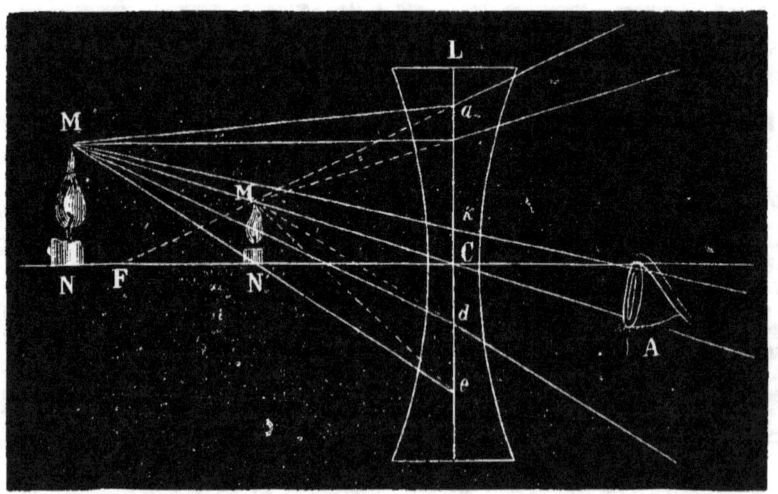

Fig. 75. — Image d'un objet donnée par une lentille divergente.

pour un œil placé dans le cône des rayons réfractés par
la lentille.

Si le point lumineux est en dehors de l'axe, le foyer
conjugué est situé sur l'axe secondaire correspondant,
c'est-à-dire sur la ligne qui joint le point lumineux au
centre optique de la lentille.

On voit que ce foyer est toujours plus près de la lentille que le point lumineux lui-même. La figure montre la
marche des rayons lumineux émanés du point P, tombant
sur une lentille divergente et donnant après réfraction
un foyer conjugué virtuel en P′.

129. Images données par les lentilles divergentes. — L'image d'un objet MN (fig. 75) donnée par une lentille divergente est l'ensemble des foyers conjugués des différents points de l'objet. Cette image M′N′ est *virtuelle*, quand la lumière qui tombe sur la lentille est divergente, et c'est le cas général. Elle est *droite* et *plus petite* que l'objet.

Pour trouver l'image d'un point M (fig. 75), on applique la construction indiquée pour les lentilles convergentes (121), mais on fait passer le rayon réfracté par le foyer situé, par rapport à la lentille, du côté d'où vient la lumière.

CHAPITRE V

**Dispersion de la lumière. — Expériences simples.
Couleurs des corps.**

130. **Spectre solaire**. — Si on laisse pénétrer par
le trou circulaire du volet d'une chambre noire un faisceau cylindrique de lumière solaire, et qu'on reçoive ce

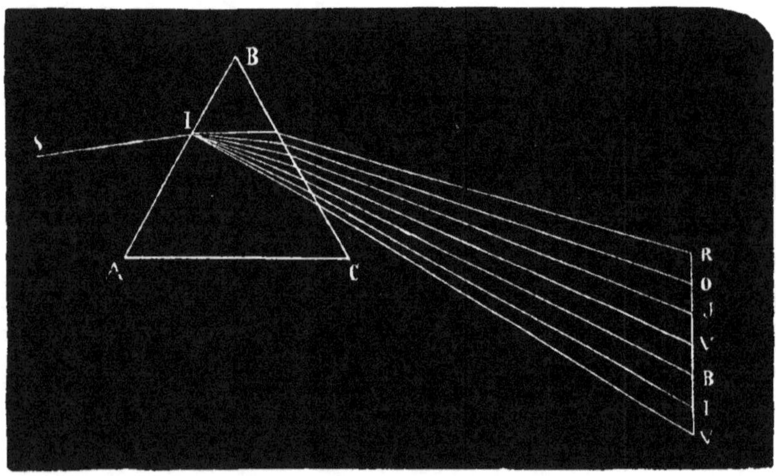

Fig. 76. — Décomposition de la lumière.

faisceau sur un écran, on obtient une image ronde et
blanche. Mais, si l'on interpose un prisme sur le trajet
du faisceau lumineux, on aperçoit (fig. 76), sur l'écran,
une image oblongue RV et présentant sept couleurs prin-
cipales : *violet, indigo, bleu, vert, jaune, orangé, rouge*.
Cette image est désignée sous le nom de *spectre solaire* :

elle est représentée par la planche placée au commencement du volume.

Nous ferons remarquer que, dans la figure 77, la partie
inférieure V du spectre est violette, la partie supérieure R
est rouge.

131. Génération du spectre solaire. — Newton [1]
expliqua ce phénomène, que l'on désigne sous le nom
de *dispersion* ou de *décomposition de la lumière*, en admet-

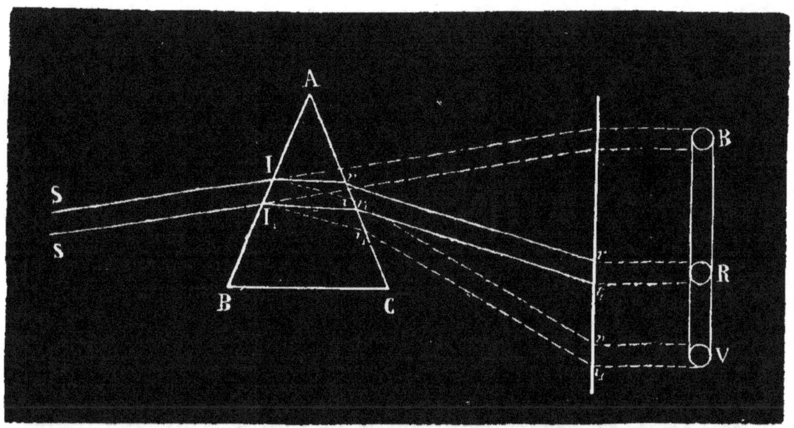

Fig. 77. — Spectre solaire.

tant que la lumière est composée de rayons *diversement
colorés* et *inégalement réfrangibles*. Lorsque ces rayons
se superposent, ils produisent sur l'œil la sensation de
lumière blanche; mais, lorsqu'on vient à les séparer, ils
déterminent des sensations diverses, celles de la couleur
qui est propre à chacun d'eux.

Dans cette hypothèse, que nous prouverons par différentes expériences, il est facile d'expliquer la génération du spectre solaire. Supposons un instant que
la lumière solaire ne contienne que des rayons rouges

1. Newton (Isaac), illustre savant anglais, né en 1642, mort en 1727.

et des rayons violets, les premiers étant moins réfrangibles que les seconds, c'est-à-dire inégalement déviés. Si nous recevons sur un prisme horizontal ABC (fig. 77) un faisceau cylindrique SIS_1I_1 de lumière, les rayons violets et les rayons rouges, étant inégalement réfrangibles, vont être inégalement déviés par le prisme; les rayons violets subiront une déviation plus grande que les rayons rouges, et nous aurons à l'émergence deux faisceaux cylindriques, l'un rouge rr_1rr_1, l'autre violet vv_1vv_1 qui donneront sur un écran, le premier une tache lumineuse rouge, le second une tache violette : ces deux taches seront circulaires, auront la même longueur et se trouveront comprises entre les mêmes verticales. La violette v_1 sera au-dessous de la rouge r_1. La partie droite de la figure montre l'écran rabattu et l'on y voit les deux taches circulaires R et V. Si la lumière solaire est composée de sept couleurs, on obtiendra sept taches lumineuses se superposant en partie (fig. 78), et l'ensemble

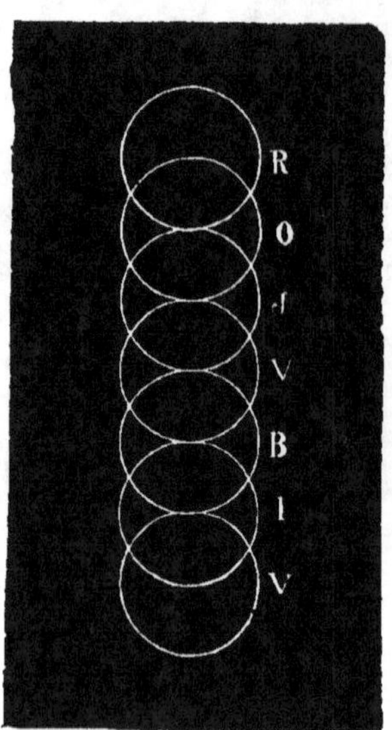

Fig. 78. — Spectre solaire.

offrira une image allongée et sinueuse sur les bords verticaux. Si enfin, comme le suppose Newton, chaque lumière simple contient une infinité de rayons inégalement réfrangibles, on obtiendra une infinité de cercles et le bord de l'image paraîtra rectiligne.

C'est au phénomène de la décomposition de la lumière par des gouttelettes d'eau en suspension dans l'atmosphère qu'est dû le phénomène de l'arc-en-ciel.

132. Les sept couleurs du spectre sont inégalement réfrangibles. — Newton a démontré par différentes expériences l'inégale réfrangibilité des rayons du spectre. Nous ne citerons que la suivante.

On reçoit sur un écran percé d'une petite ouverture le spectre formé par un premier prisme P, et on place derrière cet écran un second prisme P'. Puis, on déplace l'écran de manière que l'ouverture qu'il présente vienne se placer successivement dans chacune des couleurs du spectre, et laisse, par conséquent, tomber successivement chacune d'elles sur le prisme P'. On constate alors que la déviation produite sur le prisme P' va en augmentant en allant du rouge au violet. On peut aussi laisser l'écran fixe et faire tourner le prisme P, de manière à faire successivement passer par l'ouverture chacune des couleurs du spectre.

133. Recomposition de la lumière blanche. — Pour achever de montrer l'exactitude de l'explication

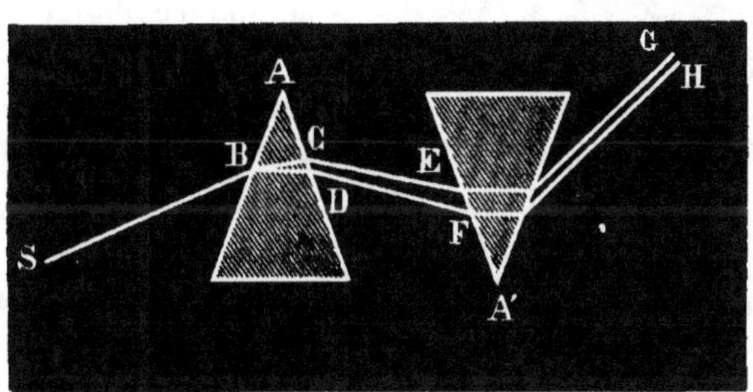

Fig. 79. — Recomposition de la lumière blanche

qu'il donnait de la formation du spectre solaire, Newton fit une série d'expériences prouvant que la superposition des sept couleurs du spectre reproduit la lumière blanche.

Nous citerons seulement la suivante.

Recevons sur un premier prisme A (fig. 79) un faisceau solaire SB, qui, en passant à travers A, se décompose et vient produire un spectre sur un écran. Plaçons sur le trajet du faisceau coloré CDEF, et à une petite distance du premier prisme, un second prisme A' de même angle réfringent, de même substance, et de manière que ses faces soient parallèles à celles du premier et dirigées en sens contraires. Le faisceau, qui émerge du second prisme, est blanc et donne sur un écran une image blanche et seulement irisée sur ses bords. Chacun des faisceaux colorés subit en effet, en passant dans le second prisme, une déviation de bas en haut égale à la déviation de haut en bas, qu'il avait subie par son passage à travers le premier prisme : tous les faisceaux vont donc se trouver superposés ; et c'est pour cela qu'ils reproduisent la lumière blanche. Il n'y a que les deux faisceaux extrêmes qui ne se superposent pas dans toute leur largeur et c'est pour

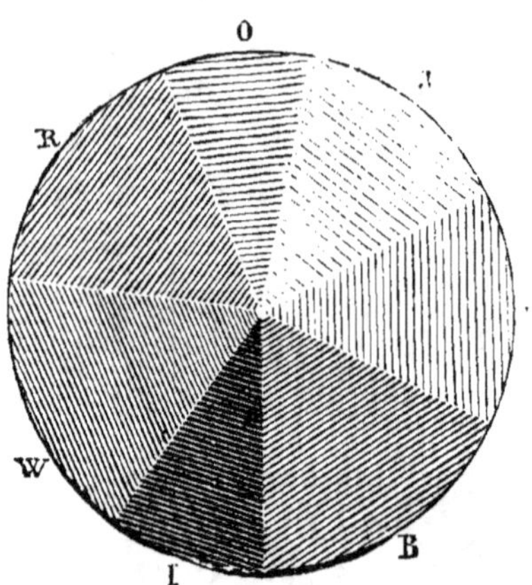

Fig. 80. — Disque de Newton.

cela que les bords de l'image sont irisés.

On peut aussi démontrer que la superposition de différentes couleurs produit de la lumière blanche, par une expérience qui est fondée sur la durée des impressions lumineuses sur la rétine. Cette durée est environ d'un dixième de seconde. Traçons sur un écran circulaire un secteur et peignons-le en violet : si l'on fait tourner lentement le disque, on verra le secteur se déplacer ; si le disque tourne avec une rapidité telle que sa rotation s'effectue en moins d'un dixième de seconde, l'impression produite sur l'œil par la position du secteur au départ durera encore lorsqu'il reviendra à sa position

primitive, après avoir accompli un tour entier; à plus
forte raison, les impressions produites par les positions
intermédiaires dureront-elles encore, et l'œil apercevra
à la fois le secteur dans toutes ses positions et verra un
cercle violet. Supposons maintenant que nous divisions
le cercle en sept secteurs (W, I, B, V, J, O, R, fig. 80),
que nous peindrons avec des couleurs représentant les
sept couleurs du spectre et dans leur ordre. Si nous
donnons au disque un mouvement rapide de rotation, le
disque devra nous paraître blanc, car chacun des secteurs produira sur notre œil l'impression d'un cercle
coloré, et toutes ces couleurs se superposant produiront
la sensation de la lumière blanche. C'est ce que l'expérience vérifie.

Si, au lieu de sept secteurs, on en peint vingt-huit
par exemple, on obtiendra le même résultat avec une
vitesse de rotation moindre.

On peut faire l'expérience précédente avec une toupie
sur laquelle on aura peint des bandes colorées comme
les secteurs du disque précédent. Quand la toupie
tournera avec rapidité, elle paraîtra blanche.

**134. Combinaison d'un nombre limité de cou-
leurs du spectre. Couleurs complémentaires.**
— En dirigeant vers un même point deux ou plusieurs
couleurs du spectre, on obtient des résultats différents.

C'est ainsi que *rouge* et *violet* donnent *pourpre*.

—	*jaune*	—	—	*rose.*
—	*vert*	—	—	*bleu pâle.*
—	*bleu*	—	—	*indigo.*
—	*jaune* et *rouge*	—	*orangé.*
—	*jaune* et *bleu*	—	*blanc.*

Deux couleurs, qui par leur superposition donnent du
blanc, sont dites *complémentaires*. Le tableau précédent
montre que le jaune et le bleu forment du blanc : c'est

là un fait qui est contraire à la pratique ordinaire des peintres, qui pour faire du vert mélangent du bleu et du jaune. Cela tient à ce que les matières qu'ils mélangent ne présentent pas des couleurs homogènes, et que la lumière, que diffuse le mélange, prend la teinte qui résulte des absorptions exercées simultanément par l'une et par l'autre des matières mélangées.

135. Couleurs des corps. — La coloration qu'ont les divers corps n'est pas une propriété propre à ces corps : elle provient des modifications qu'ils font subir à la lumière.

La coloration d'un corps transparent tient à ce que ce corps absorbe certains rayons et laisse passer les autres. Ce sont ces derniers qui donnent au corps transparent sa coloration. Lorsqu'en effet on analyse la lumière qui a traversé un corps transparent, on observe que certaines couleurs du spectre ont éprouvé une diminution considérable dans leur éclat ou même ont disparu complètement. Il en est de même, si l'on regarde un spectre solaire à travers une lame d'un corps coloré et transparent.

Les corps transparents colorés sont *monochromatiques* ou *dichromatiques*. Les corps *monochromatiques* sont ceux qui présentent un minimum d'absorption très marqué pour les rayons d'une région peu étendue du spectre : aussi, quand la lumière blanche les traverse, ces rayons ne tardent pas à devenir dominants et à les colorer de leur couleur. Tels sont le verre coloré en rouge par le protoxyde de cuivre et la liqueur bleue obtenue en versant un excès de carbonate d'ammoniaque dans une dissolution de sel de bioxyde de cuivre.

Les corps *dichromatiques* sont ceux qui donnent au faisceau qu'ils transmettent une couleur ou une autre, selon l'épaisseur que ce faisceau a traversée. Les solutions de sels de chrome versées dans un verre à pied conique sont rouges dans la partie supérieure et vertes dans la partie inférieure.

Quant aux corps non transparents, leur coloration provient de ce qu'ils diffusent d'une manière inégale les différents rayons de la lumière blanche; une partie des rayons est absorbée par les couches superficielles, l'autre est diffusée et donne au corps sa coloration. Un corps blanc est un corps qui diffuse tous les rayons; un corps noir les absorbe tous.

Il est facile d'expliquer pourquoi certains corps n'ont pas la même couleur à la lumière blanche du jour, qui renferme toutes les couleurs, qu'à la lumière d'une lampe ou d'une bougie, qui ne les renferme pas toutes. C'est ainsi que des corps verts à la lumière du jour paraissent bleus à la lumière d'une lampe, parce que la lumière de la lampe renferme moins de rayons jaunes que celle du soleil et qu'alors ce sont les rayons bleus qui dominent comme effet produit.

L'expérience suivante est d'un curieux effet. Dans une chambre bien obscure, allumons une lampe à alcool salé, ou suspendons un morceau de sel dans la flamme d'un bec de gaz. La flamme de la lampe ou du bec de gaz deviendra jaune et tous les objets, qui ne seront pas jaunes, deviendront noirs, parce qu'ils absorberont les rayons jaunes qui sont les seuls qu'ils recevront. La figure des personnes présentes prendra un aspect étrange: leurs lèvres seront noires, la peau perdra sa coloration rose.

136. Raies du spectre. — Lorsqu'on produit un spectre très pur au moyen de la lumière solaire, on constate que ce spectre présente des espaces obscurs très étroits et très nombreux, distribués sans aucune loi régulière dans les diverses régions du spectre, et qui ont reçu le nom de *raies de Frauenhofer*, du nom de l'opticien de Munich, qui les a observées et classées en sept groupes principaux désignés par les lettres B, C, D, E, F, G, H, et en trois groupes accessoires A, *a* et *b*. La figure placée au commencement du volume représente ces raies.

137. **Raies métalliques**. — MM. Kirchhoff et Bunsen, en introduisant dans la flamme à peine visible que donne le gaz de l'éclairage, lorsque sa combustion est complète, de faibles quantités de divers sels métalliques, ont vu la flamme se colorer diversement et donner naissance à un spectre formé de bandes brillantes et colorées, plus ou moins nombreuses, identiques pour les divers sels d'un même métal, mais *variables avec la nature de l'élément métallique.* La planche placée au commencement du volume fait voir différents spectres obtenus avec des corps différents. Na est la raie du sodium.

MM. Kirchhoff et Bunsen ont démontré en outre un fait de la plus haute importance : c'est que les flammes *absorbent les rayons de même réfrangibilité que ceux qu'elles émettent, quand elles sont lumineuses.*

Ainsi si l'on met dans la flamme d'un bec de gaz un morceau de sel marin ou chlorure de sodium, cette flamme n'émet plus que des rayons jaunes. Interposons cette flamme sur le trajet d'un faisceau lumineux donnant un spectre sur un écran : nous verrons se produire sur cet écran une bande noire à la place où venaient aboutir les rayons jaunes du faisceau; la flamme a absorbé ces rayons jaunes. Cette expérience permet d'expliquer les raies obscures du spectre solaire.

On admet (79) que le globe solaire est entouré d'une atmosphère, dont la température est moins élevée que celle du globe lui-même, mais assez élevée pour contenir à l'état de vapeurs certaines substances qui se trouveront elles-mêmes dans le noyau. Ces substances en vapeur absorbent les rayons émis par les mêmes substances existant dans le globe.

138. **Conséquences des découvertes de**

MM. Kirchhoff et Bunsen. — Les découvertes de
MM. Kirchhoff et Bunsen ont eu les conséquences les
plus importantes. Elles ont fourni à la chimie une précieuse méthode d'analyse. Quand on observe dans le
spectre d'une flamme des raies colorées n'appartenant à
aucun corps connu, on en conclut que cette flamme renferme un corps inconnu jusqu'ici. C'est ainsi qu'on a
découvert plusieurs métaux, le calcium, le rubidium, le
thallium et le gallium.

La sensibilité de la méthode provient de ce que la présence, dans une flamme, de particules, dont le poids est
assez faible pour échapper à l'analyse, suffit pour faire
apparaître des raies, dont la position caractérise la
nature de ces particules.

On est arrivé par la même méthode à analyser les
corps lumineux des espaces célestes. C'est ainsi qu'on
est arrivé à reconnaître dans le soleil la présence de certains métaux (calcium, fer, chrome, etc.), et l'absence
d'autres métaux (étain, or, argent, etc.).

139. **Phosphorescence**. — On appelle *substances
phosphorescentes* des corps qui, exposés aux rayons
solaires, conservent pendant quelque temps la propriété
de rester lumineux dans l'obscurité. Tels sont le *phosphore de Canton*, qui est du sulfure de calcium préparé
en calcinant du soufre avec des écailles d'huître pulvéri-
sées ; le *phosphore de Bologne*, qui est un sulfure de
baryum obtenu en calcinant avec une matière organique
une variété de sulfate de baryte que l'on trouve aux
environs de Bologne.

C'est sur cette propriété que repose l'emploi des boîtes
lumineuses pour allumettes chimiques. L'une de leurs
parois a été recouverte d'une matière phosphorescente,
qui, après avoir reçu la lumière du jour, reste lumineuse
pendant la nuit et permet d'apercevoir la boîte, même
dans l'obscurité la plus profonde.

ACOUSTIQUE

---

140. On appelle *Acoustique* la partie de la physique qui s'occupe de l'étude des sons, de leur cause, de leur propagation et des conditions dans lesquelles ils se produisent.

141. **Vibrations des corps sonores.** — Quand un corps rend un son, ses molécules exécutent, de part et d'autre de leur position d'équilibre, de petits mouvements de va-et-vient que l'on désigne sous le nom de *vibrations*. Les expériences suivantes vont nous en démontrer l'existence.

142. **Vibrations des corps solides.** — Lorsqu'on serre une verge métallique AB (fig. 81) par une de ses extrémités B entre les mâchoires d'un étau E, et qu'on l'écarte de sa position d'équilibre AB, on la voit exécuter des mouvements

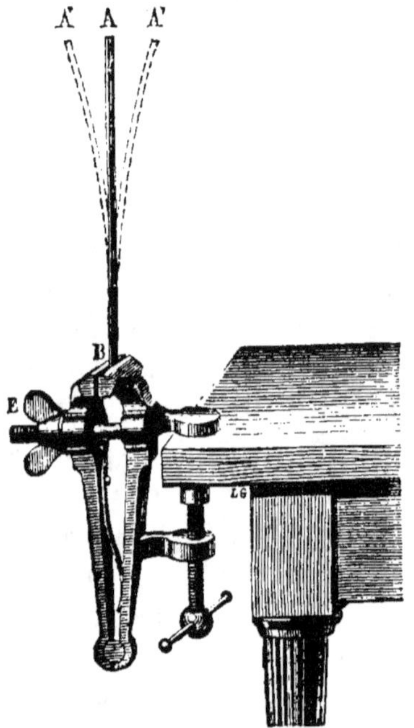

Fig. 81. — Vibrations des corps solides.

de va-et-vient de part et d'autre de AB. Lorsque la verge est assez courte, ses vibrations sont accompagnées d'un son, qui cesse dès qu'elle revient au repos.

Quand une cloche résonne, si l'on approche une pointe

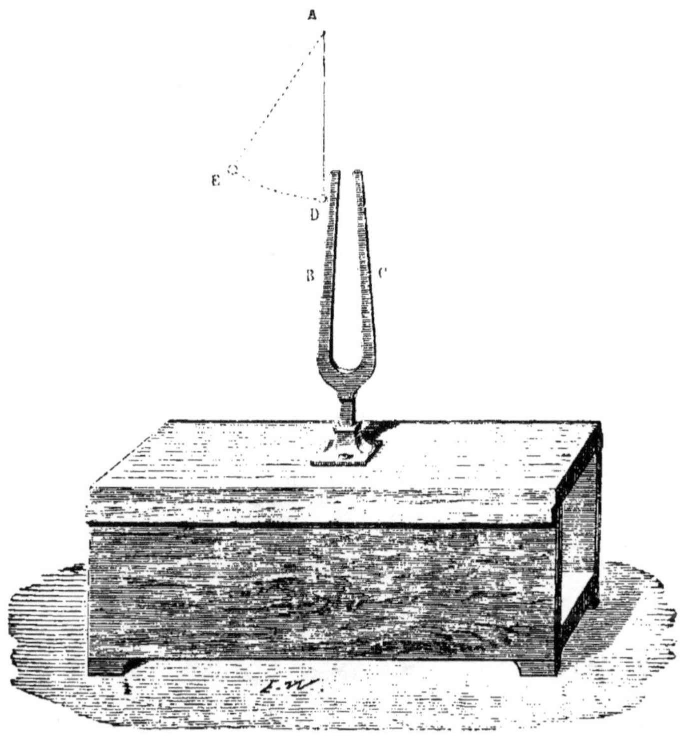

Fig. 82. — Vibrations des corps solides.

fine de sa paroi, on entend très distinctement une série de chocs qui attestent l'existence du mouvement vibratoire. On peut donner à l'expérience une autre forme. Frappons sur un verre à boire, de manière à lui faire rendre un son et, pendant qu'il résonne, touchons sa paroi avec une petite balle de liège soutenue par un fil; nous verrons la balle repoussée par le choc de la paroi en vibration.

8.

Ébranlons un diapason BC (fig. 82), et, pendant qu'il
parle, approchons de l'une de ses branches une bille
d'ivoire D suspendue à un fil AD. Dès que la bille
touche le diapason, elle est lancée par lui jusqu'en E et
revient le toucher pour être lancée de nouveau.

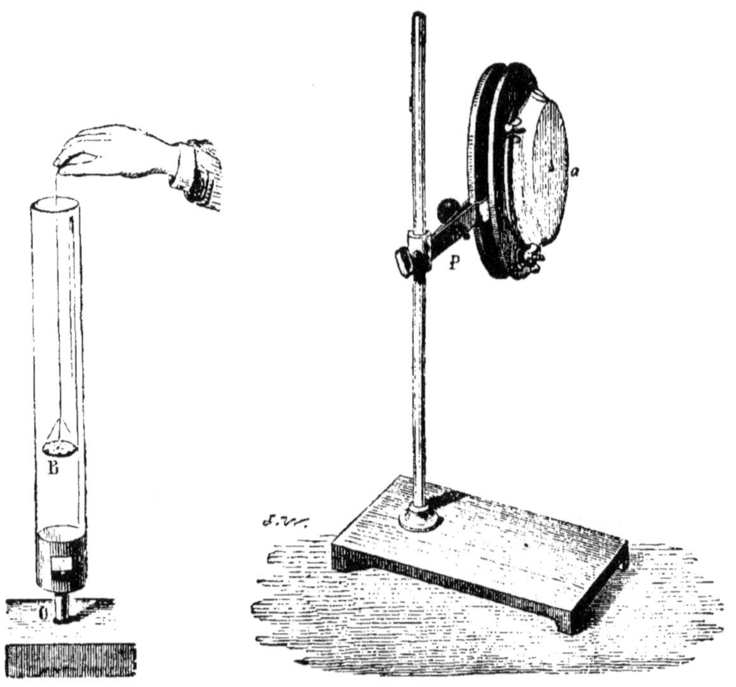

Fig. 83. — Vibrations
des corps gazeux.

Fig. 84. — Vibrations des corps gazeux.

143. Quand un corps rend un son, si l'on vient à
arrêter ses vibrations, il devient silencieux et le son
cesse. Quand par inadvertance on choque un verre placé
sur une table, il se met à résonner. Si l'on veut faire
cesser le son, il n'y a qu'à arrêter les vibrations en
posant la main sur le verre.

144. **Vibrations des corps gazeux**. — Un tuyau
cylindrique en verre (fig. 83) est placé verticalement sur

une soufflerie à l'aide de laquelle on lance un courant
d'air. Le tuyau rend alors un son, et si, pendant qu'il
parle, on descend dans son intérieur une membrane
mince couverte de sable et tendue sur un petit anneau
de carton soutenu par trois fils, elle se met en vibration
sous l'influence des vibrations de l'air du tuyau, et le
sable sautille à sa surface. Ce mouvement vibratoire
se transmet au loin en dehors du tuyau, et une autre
membrane tendue sur un cadre et placée à distance par-
ticipe au mouvement des couches atmosphériques et le
communique à un pendule a (fig. 84) suspendu à sa
surface.

145. Vibrations des corps liquides. — Wer-
theim est parvenu à faire parler des tuyaux plongés
dans un liquide, en y injectant un
courant de ce même liquide, dont les
vibrations produisaient le son rendu
par le tuyau.

**146. Le son ne se propage
pas dans le vide**. — Les mouvements vibratoires, que nous venons d'étudier, ont besoin, pour
produire une impression sur l'or-
gane de l'ouïe, de se transmettre
jusqu'à lui par une suite non inter-
rompue de milieux pondérables.
Dans le cas contraire, les vibrations
des corps ne produisent pas de son.
On peut se servir, pour prouver ce
que nous disons, d'un ballon à robi-

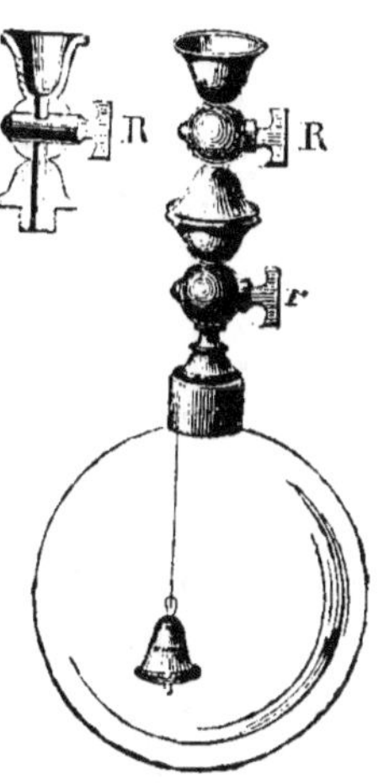

Fig. 85. — Le son ne se
propage pas dans le vide.

net (fig. 85), dans lequel est suspendue une clochette.
On visse ce ballon sur la machine pneumatique et on
y fait le vide. On ferme le robinet R et, après avoir
dévissé le ballon, on agite la clochette. Aucun son ne
parvient à l'oreille, quoiqu'on voie la boule de la clo-

chette frapper la paroi de celle-ci. On laisse alors rentrer un peu d'air en ouvrant le robinet, puis on le referme : le son de la clochette parvient alors à l'oreille.

147. Propagation du son à travers les solides. — L'expérience suivante prouve la transmission du son par l'intermédiaire des corps solides. Si l'on place l'oreille à l'extrémité d'une longue planche, et qu'une personne gratte avec l'ongle l'autre extrémité, on peut entendre distinctement le son produit. Ce son est cependant assez

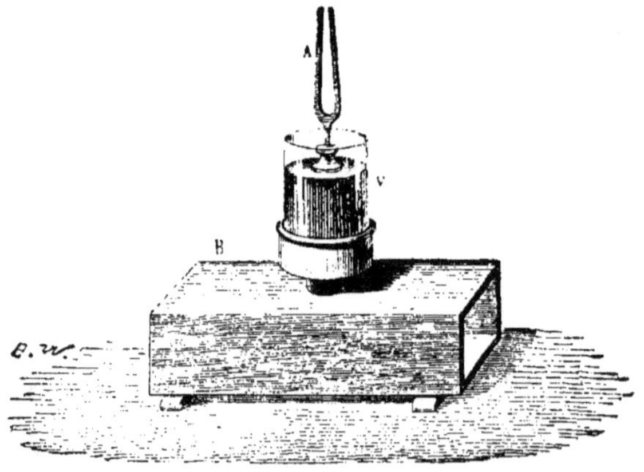

Fig. 86. — Propagation du son à travers les liquides.

faible pour n'être perçu qu'à condition d'avoir l'oreille placée contre la poutre.

On sait que les décharges d'artillerie sont parfaitement entendues au loin, si l'on place l'oreille contre le sol, même dans des cas où le son n'arrive pas à celui qui écoute en se tenant debout.

Le mineur, en creusant sa galerie, entend les coups du mineur qui vient à sa rencontre et juge ainsi de sa direction.

148. Propagation du son à travers les liquides. — Les liquides transmettent aussi le son : lorsque deux plongeurs sont au milieu de l'eau, l'un d'eux perçoit parfaitement le bruit de deux cailloux choqués par l'autre.

Pour prouver avec quelle facilité se fait cette transmission du son à travers les liquides, on place un vase V (fig. 86) plein de mercure sur une caisse sonore B, qui peut renforcer le son d'un diapason A. On fait vibrer le diapason et on lui fait toucher la surface du mercure. Aussitôt la caisse sonore, ébranlée comme elle l'eût été si l'on avait posé directement le diapason sur elle, renforce le son produit par ce dernier.

149. Mode de propagation du son. — L'expérience suivante rend compte facilement du mode de propagation du son. Sept boules d'ivoire sont suspendues à une traverse en bois (fig. 87) par des fils de même longueur et se touchent entre elles. Si l'on vient à éloigner l'une d'elles A de la verticale et qu'on l'abandonne à elle-même lorsqu'elle sera arrivée en A', elle viendra frapper la seconde, et l'on verra la dernière B lancée en B', les autres restant en repos. Voici ce qui a eu lieu : la seconde bille s'est comprimée par le choc de A, puis, revenant à son volume primitif, a réagi sur la suivante qui, après s'être aussi comprimée, a exercé sa réaction sur la quatrième, et ainsi de suite jusqu'à B, qui, poussée par le retour de l'avant-dernière boule à ses dimensions premières, s'est avancée jusqu'en B'.

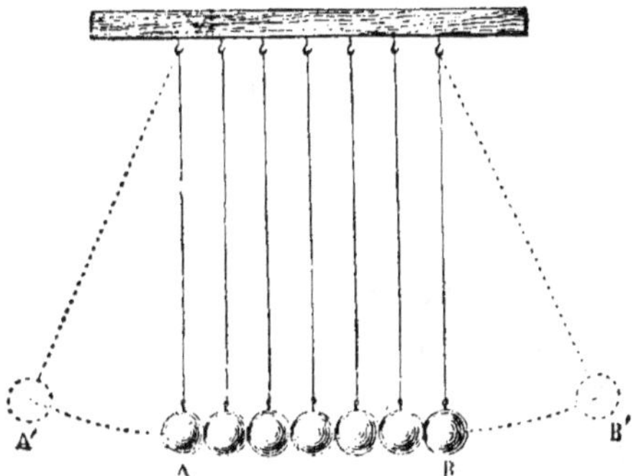

Fig. 87. — Mode de propagation du son.

La transmission du mouvement vibratoire des corps sonores se fait de la même manière. Les molécules du corps sonore, en s'écartant de leur position d'équilibre, poussent devant elles la couche d'air qui les entoure; celle-ci se comprime, augmente de force élastique, et réagit sur la couche suivante qui, se comprimant à son tour, communique le mouvement à la troisième et ainsi de suite. Lorsque les molécules du corps sonore reviennent vers leur position d'équilibre, un mouvement en sens contraire se produit dans l'air. La couche d'air abandonnée par ces dernières diminue de force élastique, la suivante se détend à son tour, et de proche en proche le mouvement se propage. Ce mouvement des couches d'air a lieu évidemment ici en sens contraire de tout à l'heure. Comme on peut répéter le même raisonnement pour chacune des vibrations du corps sonore, on voit que l'air se trouve alternativement animé de vitesses de sens contraires, qu'il est lui-même en vibration.

Ce raisonnement pourrait s'appliquer à tout autre milieu solide, liquide ou gazeux.

150. **Vitesse du son**. — Lorsque nous voyons un bûcheron abattre du bois à une distance un peu considérable, nous reconnaissons immédiatement que le bruit de chaque coup de hache met un temps sensible pour arriver à notre oreille; de même encore, lorsque nous observons de loin l'explosion d'une pièce de canon, nous apercevons la lumière avant d'entendre le bruit.

De même encore, il s'écoule toujours un intervalle de temps plus ou moins long entre l'instant où nous voyons l'éclair et celui où nous entendons le bruit du tonnerre, intervalle qui peut servir à calculer la distance à laquelle se trouvent les nuages orageux. Plus il est grand, plus ces nuages sont éloignés.

La propagation du son n'est pas instantanée. Les premières expériences faites pour mesurer la vitesse du son dans l'air furent exécutées en 1738 aux environs de Paris,

entre Montmartre et Montlhéry, par une commission de
l'Académie des sciences. Elles établirent que le mouvement de propagation est uniforme, c'est-à-dire qu'en
temps égaux le son parcourt des espaces égaux.

Les expériences, qui ont été faites à ce sujet par les
physiciens, ont prouvé que dans l'air le son parcourt
330 mètres par seconde, dans l'eau 1435 mètres et dans
la fonte 3300 mètres environ.

151. Réflexion du son. — Échos. — Le mode de
propagation du son a la plus grande analogie avec le
phénomène qui se produit, lorsqu'au milieu d'une nappe
d'eau tranquille on laisse tomber un corps solide, une
pierre, par exemple. Autour du point où la pierre a
touché l'eau, un cercle se forme, puis un second, puis un
troisième et ainsi de suite ; tous ces cercles s'élargissent
et semblent courir à la file l'un de l'autre, quoique, en
réalité, il n'y ait que *propagation* d'un mouvement vibratoire. Pour se rendre compte de ce fait, il suffit d'observer un brin de paille jeté à la surface de l'eau : on le
voit monter et descendre alternativement, en suivant la
vibration du liquide : mais il ne se déplace pas dans le
sens horizontal. Lorsque ces ondes, excitées à la surface
du liquide, rencontrent les bords du bassin, elles se réfléchissent et on les voit revenir sur elles-mêmes ou se
propager dans une direction inclinée sur celle qu'elles
avaient suivie pour aller toucher l'obstacle. La propagation du son qui se fait par ondes sonores, semblables
aux ondes liquides, dont nous venons de parler, donne
lieu à des phénomènes tout à fait analogues, produisant
ce que l'on désigne ordinairement sous le nom d'*écho*.
La réflexion du son suit les lois de la réflexion de la
lumière et de la chaleur.

152. On appelle *écho* la répétition d'un son réfléchi par
un obstacle, qui est assez éloigné pour que le son réfléchi
ne se confonde pas avec le son entendu directement. On

dit qu'un écho est *monosyllabique*, quand on ne peut prononcer qu'une syllabe avant que le son réfléchi de cette syllabe revienne à l'oreille. Il est *polysyllabique* quand on peut prononcer plusieurs syllabes avant que le son de la première revienne à l'oreille. Cela dépend évidemment de la distance où l'on se trouve de l'obstacle réfléchissant.

Quand on est assez près de cet obstacle pour que le son réfléchi revienne alors que la sensation produite par le son primitif dure encore, il y a confusion des deux impressions, et on dit alors qu'il y a renforcement du son, qu'il y a *résonance*. C'est ce qui arrive dans les appartements non tapissés. Les tentures empêchent les résonances et rendent un espace *sourd*, parce que la réflexion du son ne peut se faire à leur surface.

153. Il y a des échos *multiples*, qui répètent plusieurs fois le même son, par suite de l'existence de plusieurs obstacles qui se renvoient mutuellement des ondes sonores. À mesure que le nombre des réflexions augmente, le son diminue d'intensité et finit par s'éteindre.

Un écho observé au château de Simonetta, en Italie, répète quarante à cinquante fois le bruit d'un coup de pistolet. À trois lieues de Verdun, on trouve un écho qui répète un son douze ou treize fois.

154. Nous citerons comme application de la réflexion du son le phénomène observé dans certaines salles, auxquelles on a donné la forme ellipsoïdale. Quelques paroles prononcées à voix basse, en un point de l'ellipsoïde appelé *foyer*, s'entendent distinctement à l'autre foyer, quoiqu'on ne puisse les entendre en aucun autre point, même plus rapproché de celui où le son a été produit. Il y a au Conservatoire des arts et métiers, à Paris, une salle dont les angles opposés offrent la même particularité.

155. On peut ici citer encore une expérience analogue à celle que nous avons décrite à propos de la réflexion

de la chaleur rayonnante. Les deux miroirs courbes, dont nous avons parlé (67), étant disposés comme nous l'avons indiqué, on place au foyer de l'un d'eux une montre, et, si l'on met l'oreille au foyer de l'autre, on perçoit très distinctement le tic tac de la montre, que l'on ne peut entendre en un point intermédiaire.

MAGNÉTISME

Aimants naturels et artificiels. — Pôle nord. — Pôle sud. — Actions réciproques des pôles des aimants. — Aimantation du fer doux et de l'acier. — Action de la terre sur les aimants. — Boussole.

156. Aimants naturels. — On appelle *aimants naturels* ou *pierres d'aimant* des minerais de fer qui jouissent de la propriété d'attirer le fer, le nickel, etc. Les anciens en trouvaient abondamment près d'une ville d'Asie Mineure appelée Magnésie, et c'est de là que sont venus les noms de vertu *magnétique*, de *magnétisme* et de pierre *magnétique*, adoptés d'abord par les Grecs et maintenant consacrés par l'usage.

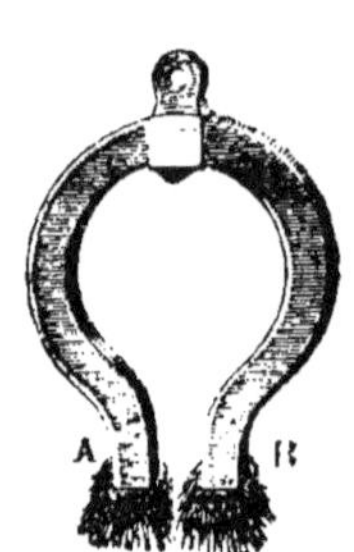

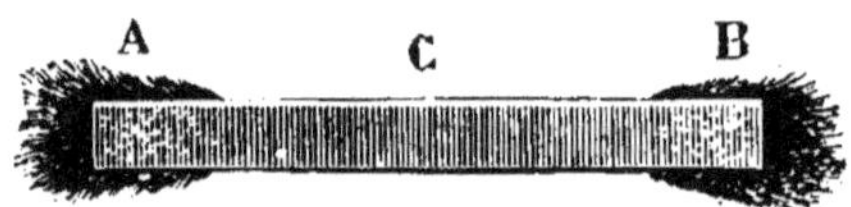

Fig. 88 et 89. — Aimants.

157. Aimants artificiels. — On appelle *aimants artificiels* des barres d'acier auxquelles on a communiqué la propriété d'attirer le fer. La vertu magnétique y est plus régulièrement distribuée que dans les aimants naturels. On peut s'en convaincre en roulant un aimant artificiel dans la limaille de fer : on constate alors que cette dernière ne s'attache pas d'une manière uniforme sur sa surface, qu'elle se porte de préférence autour de certains points A, B (fig. 88 et 89), situés près des extrémités et auxquels on a donné le nom de *pôles*. A mesure que l'on s'éloigne de ces points, la vertu magnétique semble diminuer, et l'on arrive, vers le milieu de l'ai-

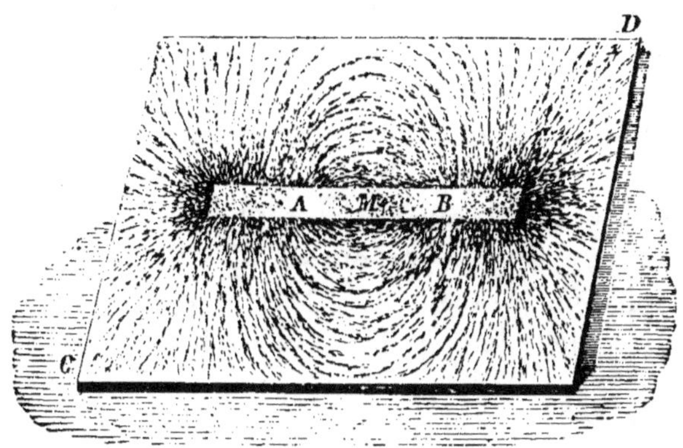

Fig. 90. — Courbes magnétiques.

mant, à une région qui en est tout à fait dépourvue et que l'on appelle *ligne neutre*.

158. Ces actions attractives se transmettent à travers tous les corps qui ne sont point magnétiques. Si, par exemple, on place un carton mince sur un aimant et qu'on y sème de la limaille de fer fine avec un tamis, on la verra se porter principalement vers les deux extrémités et se distribuer à la surface du carton sous forme de chaînes courbes qui vont d'une extrémité à l'autre, comme on le voit dans la figure 90.

159. **Points conséquents**. — Il arrive quelquefois que certains aimants présentent plus de deux pôles, et deux pôles consécutifs sont toujours séparés par une ligne neutre. Ces nouveaux pôles, que l'on cherche ordinairement à éviter dans la fabrication des aimants, sont appelés *points conséquents*.

160. Direction d'un aimant par la terre, distinction des pôles. — Jusqu'ici nous n'avons rien vu encore qui établisse une distinction entre les pôles; les faits suivants vont nous y conduire.

Lorsqu'on suspend une aiguille aimantée à un fil, de manière qu'elle puisse tourner dans toutes les directions, ou lorsqu'on la soutient sur un pivot pointu qui s'enfonce dans une cavité creusée en son milieu (fig. 91), on la voit en un même lieu prendre toujours la même direction, l'extrémité A se portant vers la région Nord, l'extrémité B vers la région Sud. Si on la dérange de cette position d'équilibre en lui laissant sa liberté de mouvements, elle y revient toujours.

L'expérience précédente établit une différence essentielle entre les deux pôles, puisqu'ils se dirigent vers des points opposés. Pour les distinguer, on appelle *pôle nord* le pôle qui se dirige vers le nord, et *pôle sud* celui qui se dirige vers le sud.

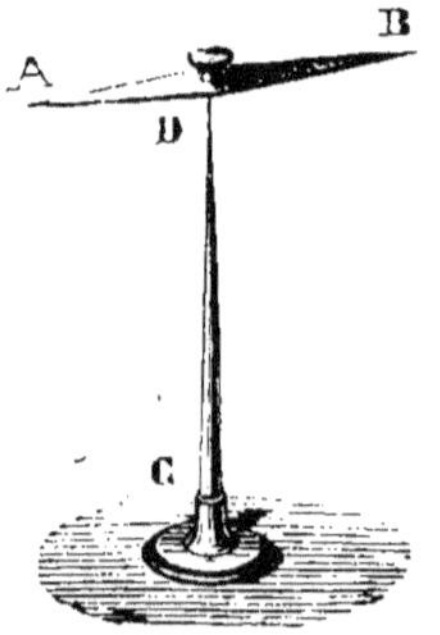

Fig. 91. — Distinction des pôles.

161. Actions réciproques des pôles de deux aimants. — Prenons les aimants qui, dans l'expérience précédente, se sont orientés dans l'espace ; suspendons l'aimant AB à un fil CD (fig. 91), ou bien sur un pivot vertical comme dans la figure 91, puis approchons de l'extrémité B, qui se dirigeait vers la région Sud, le pôle *b* d'un autre aimant; immédiatement il y a répulsion, et l'aimant AB se met en mouvement dans le sens indiqué par la flèche courbe : présentons le pôle sud *b* au pôle nord A, et l'aimant mobile sera attiré. On constaterait de même que le pôle nord *a* de l'aimant tenu à la main attire B et repousse A.

Ces faits nous conduisent à la loi suivante : *Les pôles*

de même nom se repoussent, les pôles de noms contraires s'attirent.

162. Hypothèse de deux fluides magnétiques. — Pour expliquer les faits qui précèdent, nous admettrons l'hypothèse de deux fluides magnétiques, l'un

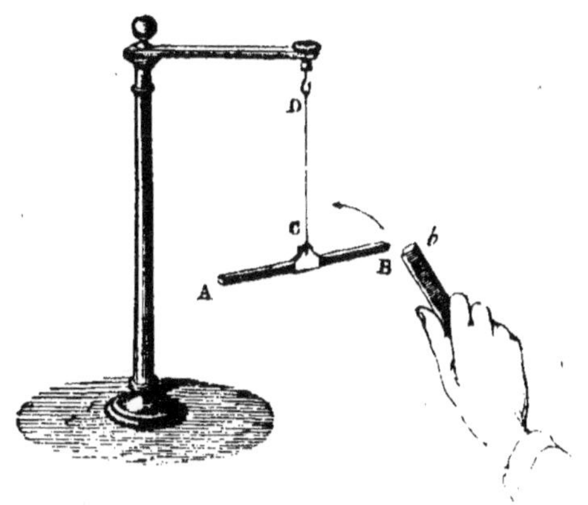

Fig. 92. — Actions réciproques des pôles.

résidant vers le pôle nord de la terre et appelé pour cette raison fluide *boréal*, l'autre résidant vers le pôle sud et appelé fluide *austral*. Nous admettrons que les pôles de même nature dans les aimants contenant des fluides de même nom se repoussent, et que ceux de noms contraires s'attirent.

163. Par suite de ces conventions, on a aussi appelé *pôle austral* le pôle nord d'un aimant, puisque, se dirigeant vers le point de la terre où réside le fluide boréal, il doit contenir du fluide austral, et *pôle boréal* le pôle sud de ce même aimant.

164. Action d'un aimant sur le fer doux. — Lorsqu'on présente au pôle B d'un aimant un morceau de fer *aa'* (fig. 93), ce dernier s'aimante ; il se crée en *a* un pôle de nom contraire à B, et en *b* un pôle de même nom : ce nouvel aimant peut lui-même développer l'ai-

9.

mantation dans un second morceau de fer $a'a''$ dans les mêmes conditions, et ainsi de suite.

165. Fer doux. Acier. Force coercitive. — Les résultats de l'expérience sont différents, suivant que l'on soumet à l'action d'un aimant un morceau de fer doux (fer pur) ou un morceau d'acier (fer combiné avec du

Fig. 93. — Action d'un aimant sur le fer doux.

charbon). Dans le cas du fer doux, l'aimantation se produit instantanément, mais elle cesse dès qu'on éloigne l'aimant. Dans le cas de l'acier, l'aimantation se produit lentement, mais elle subsiste après l'éloignement de l'aimant.

Pour expliquer ces faits, on suppose que le fer doux et l'acier contiennent les fluides austral et boréal réunis ensemble en égale quantité et formant du fluide neutre; l'approche d'un barreau aimanté, déterminant la séparation de ces fluides, produit la vertu magnétique. Dans le fer doux, la séparation se fait facilement, parce que rien ne s'oppose à la libre circulation des fluides; par suite, ils devront se réunir de nouveau, dès que l'aimant sera éloigné. Dans l'acier, au contraire, l'aimantation n'est déterminée qu'au bout d'un temps plus long, par suite de l'existence d'une force appelée *force coercitive*, qui s'oppose à la libre circulation des fluides, rend leur séparation plus difficile, mais s'oppose aussi, après cette séparation, à une réunion nouvelle. C'est ce qui fait que l'aimantation subsiste après qu'on a éloigné l'aimant.

166. Effets de la rupture d'un barreau aimanté. — Les phénomènes magnétiques, que nous venons d'étudier, tendraient à faire croire qu'une des moitiés de l'aimant, celle qui se dirige vers le nord, contient du fluide austral, et que l'autre moitié contient du fluide boréal. Le fait suivant ne permet pas d'admettre qu'il en soit ainsi.

Si l'on brise en deux une aiguille d'acier aimantée, deux pôles se développent au point de rupture et sont, dans chaque morceau, opposés aux pôles de l'aimant primitif, de sorte que chaque fragment devient lui-même un véritable aimant.

Nous admettrons que le fluide neutre est réparti d'une manière uniforme sur *chaque molécule* de l'acier ou du fer, et que, lorsqu'on les soumet à l'action d'un aimant, ce fluide naturel se décompose en deux fluides qui se portent chacun à l'une des extrémités de la molécule ; le fluide austral se portant du côté du pôle austral, le fluide boréal du côté du pôle boréal. On démontre par le raisonnement que cette distribution des fluides conduit au même résultat que si chacun d'eux se trouvait concentré aux centres d'action que nous avons appelés *pôles*.

MAGNÉTISME TERRESTRE

167. Action de la terre sur les aimants. — Les expériences que nous avons décrites (160) nous ont montré que la terre exerce une action sur l'aiguille aimantée ; nous allons maintenant étudier cette action.

Lorsque au-dessus d'un barreau aimanté un peu énergique AB (fig. 94), on place en C une petite aiguille aimantée *ab* mobile dans le plan horizontal, on la voit se diriger suivant la ligne des pôles AB, de façon que les pôles de noms contraires soient tournés les uns vers les autres; si on la rapproche des extrémités, on la voit s'incliner vers les pôles, comme l'indique la figure. De même, lorsqu'on abandonne une aiguille aimantée sur un pivot vertical, elle se dirige par rapport à l'axe de la terre à peu près comme le fait l'aiguille aimantée de l'expérience précédente par rapport au barreau fixe. Cette dernière expérience conduit à assimiler la terre à un gros aimant. Cette assimilation est confirmée par une expérience de Gilbert que nous ne décrirons pas.

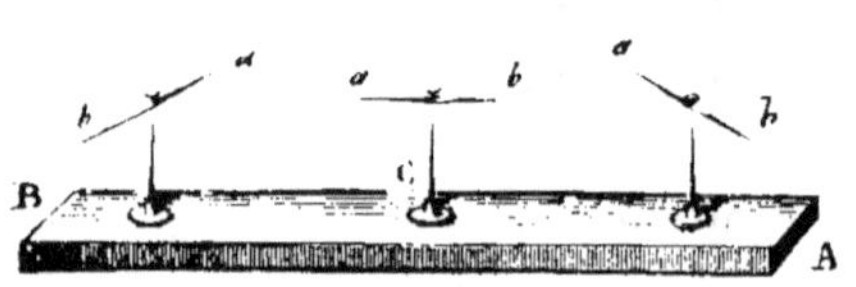

Fig. 94. — Direction d'un aimant par l'action d'un autre aimant.

Gilbert fut conduit à admettre que la terre est un vaste aimant et que le magnétisme de chacun de ses pôles est contraire à celui qui prédomine dans les portions des aiguilles aimantées, qui se tournent vers lui. Quand on suspend une aiguille aimantée sur un pivot vertical, elle se met à osciller pour s'arrêter à une position d'équilibre, son pôle nord étant tourné vers la région nord. Sa direction fait alors avec la ligne nord-sud un certain angle, qui varie d'un lieu à un autre et qu'on appelle la *déclinaison magnétique du lieu*. A Paris, cet angle était, au 1er janvier 1893, de 15 degrés 30 minutes et à l'ouest.

168. Boussole. — Pour déterminer la déclinaison, les physiciens se servent d'un instrument appelé *boussole* qui se compose essentiellement d'une aiguille aimantée capable de se mouvoir horizontalement au-dessus d'un cercle gradué et d'autres organes permettant de déterminer l'angle que fait l'aiguille avec la ligne nord-sud.

169. Boussole marine. — Les marins se servent d'une boussole de déclinaison de forme particulière appelée *compas* et qui leur sert à savoir dans quelle

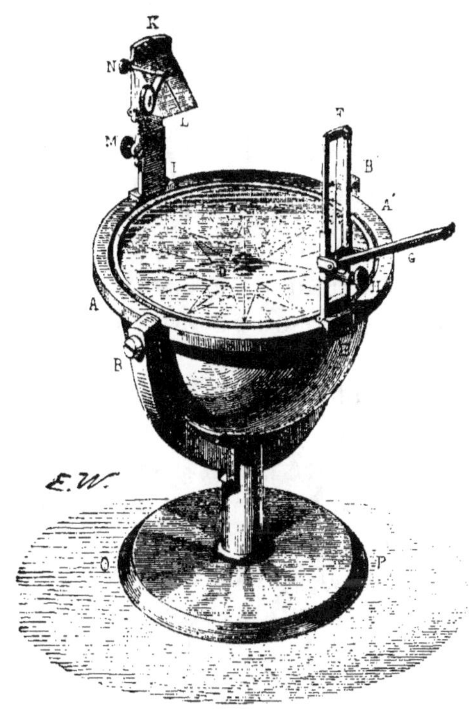

Fig. 95. — Boussole marine.

direction ils doivent orienter leur navire. Elle se compose essentiellement d'une boîte B (fig. 95), dont le fond supporte un pivot sur lequel peut tourner l'aiguille aimantée, qui est fixée sur la face inférieure d'un limbe divisé en degrés et portant une rose des vents. La ligne, qui passe par les divisions 0-180, coïncide avec l'axe de l'aiguille. Enfin une ligne de foi est tracée sur le bord supérieur de la boussole. Quand on installe l'appareil, on place cette ligne suivant l'axe du navire. Voyons maintenant le double usage de la boussole marine.

Quand le navire se trouve en un endroit, dont on connaît à peu près la déclinaison, 20° occidentale, par exemple, ce qui veut dire que l'aiguille s'y place à 20° à l'Ouest de la ligne nord-sud, si l'officier de quart veut diriger le navire à l'Est et suivant la ligne 45°, il commande la manœuvre jusqu'à ce que la division 65 vienne se placer suivant la ligne de foi, 0-180 étant à l'Ouest. Pendant le mouvement de rotation du navire, l'aiguille est restée dans une direction fixe faisant un angle de 20° à l'Ouest avec la ligne nord-sud ; l'axe du navire se trouvant à 65° de l'aiguille est par suite à 45° Est de la ligne nord-sud, c'est-à-dire dans la direction où il doit s'avancer.

Si au contraire l'officier de quart, ne connaissant pas le lieu où il se trouve, veut le déterminer, il mesurera la déclinaison à l'aide de pièces accessoires que porte la boussole ; les tables, dont il est muni, lui permettent ensuite de trouver, au moins approximativement, le point du globe où la déclinaison a la valeur observée.

170. Boussole d'arpenteur. — La boussole sert aussi aux arpenteurs pour le levé des plans. Elle se compose d'une boîte *a* (fig. 96), dont le fond est un cercle gradué sur lequel peut se mouvoir une aiguille aimantée. La boîte porte sur le côté un appareil V mobile dans un plan vertical et à l'aide duquel on pourra viser un point donné. La boussole est installée sur un trépied qui permet de mettre le cercle dans la position horizontale.

Supposons qu'avec cet appareil nous voulions mesurer l'angle de deux directions OG et OD (fig. 97) : nous dirigeons l'appareil de manière à viser G : à ce moment la pointe bleue ou nord de l'aiguille s'arrêtera devant une division z, que nous observerons. Puis nous ferons tourner la boussole de manière à viser D. Dans ce mouvement, l'aiguille dirigée par la terre restera fixe et le cercle gradué tournera sous l'aiguille qui, lorsqu'on

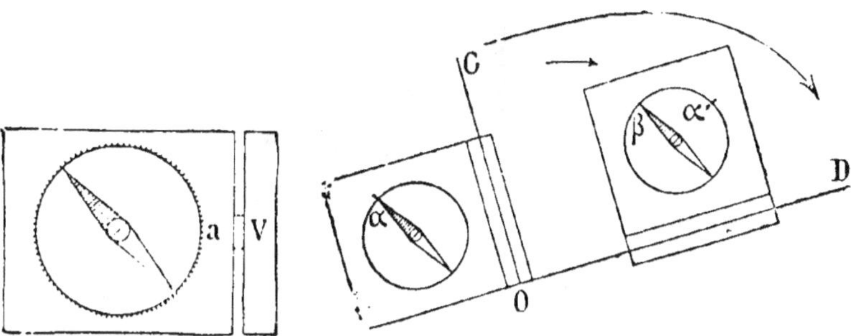

Fig. 96 et 97. — Boussole d'arpenteur.

visera D, aura sa pointe bleue en β. L'angle de α et de β mesuré sur le cercle sera évidemment l'angle des deux directions OG et OD.

PROCÉDÉS D'AIMANTATION

171. On peut développer artificiellement la vertu magnétique dans des barreaux d'acier à l'aide de différents procédés.

172. Simple touche. — Le procédé de la simple touche est le plus anciennement connu. Il consiste à frotter un certain nombre de fois, dans le même sens (fig. 98), le barreau à aimanter sur le pôle A d'un aimant : en frottant dans le sens indiqué par la flèche, il se produira en *b* un pôle de nom contraire à A, et à l'extrémité opposée un pôle de même nom que A.

On peut aussi mettre l'une des extrémités de l'aiguille à aimanter en contact avec l'un des pôles d'un aimant et l'y laisser pendant un temps suffisant pour que l'aimantation se développe. L'extrémité en contact avec l'aimant prend un pôle de nom contraire à celui qu'elle touche.

Ce procédé est le plus simple et a été perfectionné par Knight, Duhamel et Epinus [1].

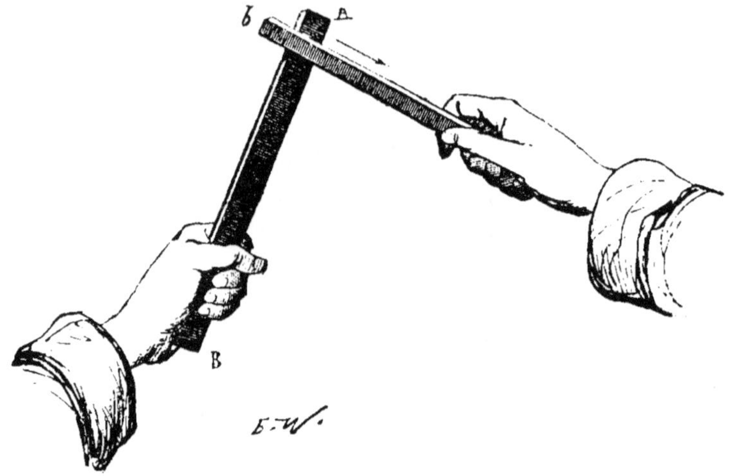

Fig. 98. — Aimantation par simple touche.

173. **Faisceaux magnétiques**. — Pour avoir de

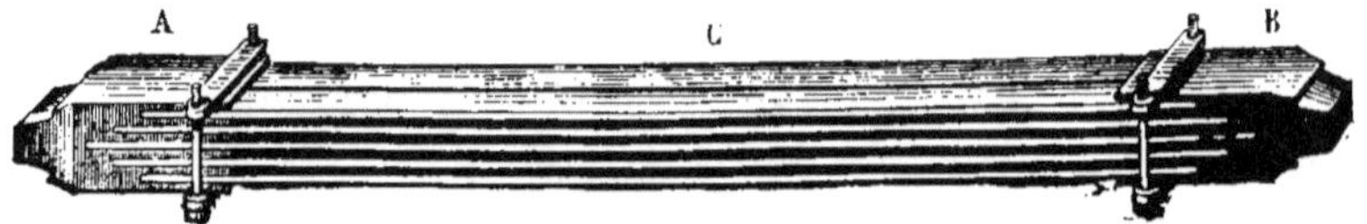

Fig. 99. — Faisceaux magnétiques.

plus forts aimants, on dispose en faisceaux des barreaux aimantés, dont les pôles de même nom sont en regard (fig. 99). Souvent on donne à ces faisceaux la forme d'un fer à cheval (fig. 100).

Pour conserver aux aimants leur force magnétique, il faut avoir soin de placer contre les pôles des plaques

1. Knight, physicien anglais, Duhamel, physicien français, et Æpinus, physicien russe, qui vivaient tous les trois au siècle dernier.

de fer doux appelées *armatures*. On voit en *ab* (fig. 100) cette armature munie d'un crochet. Si à ce crochet on suspend des poids et qu'on en augmente chaque jour le nombre, la force magnétique de l'aimant augmente avec eux.

Les armatures ont pour effet de maintenir la sépara-

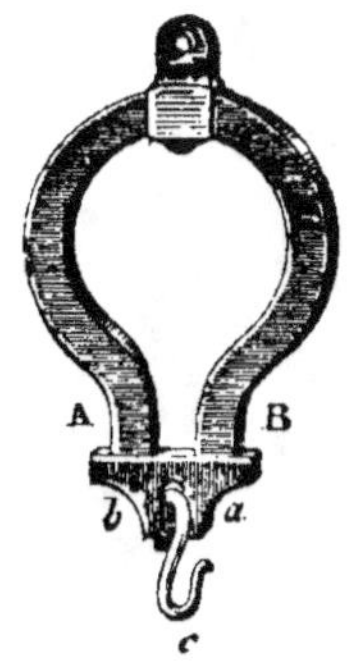

Fig. 100. — Aimant en fer à cheval.

tion des fluides; l'absence d'armature amène une déperdition de magnétisme.

Une élévation de température un peu notable détruit aussi la vertu magnétique.

174. Aimants de Jamin. — Jamin[1] a construit des aimants d'une grande force portative. Il arrive à ce résultat en appliquant l'une sur l'autre des lames d'acier minces aimantées à saturation : il les recourbe ensuite en fer à cheval. Il est ainsi parvenu à produire des aimants capables de supporter une charge de 500 kilogr.

1. Jamin (Jules-Célestin), né en 1818, mort en 1886. Physicien français, professeur à la Faculté des sciences de Paris et à l'École polytechnique. Membre de l'Académie des sciences.

TABLE DES MATIÈRES

CHAPITRE II

CHAPITRE III

CHAPITRE IV

CHAPITRE V

ACOUSTIQUE

MAGNÉTISME

Coulommiers. — Imp. PAUL BRODARD.